HEYNE
BÜCHER

Hildegard und Horst E. Wittig

Ikebana

Die japanische Kunst des Blumensteckens

Originalausgabe

WILHELM HEYNE VERLAG
MÜNCHEN

HEYNE-BUCH Nr. 08/4861
im Wilhelm Heyne Verlag, München

Printed in Germany 1983
Bildnachweis: Archiv der Volkshochschule Leer/Ostfr., Seite 56/57
Dr. G. Hermjakob, Deutsche Schule Tokio, Seite 53
Ohara-Archiv, Seite 29, 34, 36, 37, 38, 40, 42, 44, 46, 49, 50, 51, 68/69
Die anderen Abbildungen stammen aus dem Archiv der Verfasser
Diagramme: Design-Studio Hannes Fleischer, München
Umschlaggestaltung: Atelier Heinrichs & Schütz, München
Layout: Helmut Burgstaller
Gesamtherstellung: RMO, München

ISBN 3-453-41496-9

Wenn ich aufmerksam schaue,	Yoku mireba
seh ich die Nazuna	nazuna hana saku
an der Hecke blühen!	kakine kana.

MATSUO BASHÔ (1644–1694)

Inhalt

Transkription

Bei der Umschrift japanischer Namen und Begriffe folgen wir den anerkannten Regeln. Längenzeichen weisen Vokale als tönend aus wie bei: Kôbe (langes ô = oh). Alle Silben werden kurz gesprochen und gleichmäßig betont. Die Vokale werden wie in den folgenden deutschen Wörtern ausgesprochen:

a – wie in K**a**sse
i – wie in b**i**n
u – wie in M**u**tter
e – wie in M**e**sser
o – wie in **o**b

Folgende Abweichungen vom Deutschen sollten beachtet werden:

y = stimmlos wie in Yokohama
j = stimmhaft wie in Jalousie
z = stimmhaft wie weiches, langes s
s = scharf wie ß gesprochen
sh = stimmlos, wie im Englischen shop
ch = mit t-Vorschlag zu sprechen, wie bei der Konsonantenfolge in Nie*tzsch*e
ei = wie ee in T*ee*, mit schwach nachklingendem i
ai = wie in Mai

Vorwort

Das vorliegende Ikebana-Lehrbuch ist eine Einführung in die japanische Blumenkunst – Ikebana oder Kadô = Blumenweg – am Beispiel der Ohara School of Ikebana. Die Ohara-Bewegung begann 1899, im 32. Jahr der Meiji-Zeit, als der Begründer Unshin Ohara sein Moribana-Arrangement in einer eigens dafür konstruierten flachen Schale schuf.

Die Ohara-Bewegung ist gegenwärtig die in Japan und auch im Ausland wohl populärste Richtung des Ikebana, die vom 3. Headmaster, Professor Hôun Ohara, geleitet wird. Ihm steht seit 1975 sein Sohn Professor Natsuki Ohara als designierter 4. Headmaster zur Seite. Für die weitgespannte internationale Arbeit ist Miß Wakako Ohara, Tochter des Headmasters und Vize-Präsidentin des Ohara-Zentrums New York, zuständig.

Unser Dank gilt vor allem Professor Hôun Ohara für die Möglichkeit der Teilnahme an seiner künstlerischen Arbeit und für die Stunden unter seiner Leitung im Ohara-Studio Kôbe und im Ohara-Headquarter Tokio, die zu den Höhepunkten unserer Ikebana-Arbeit und -Anschauung gehörten. Wir danken dem designierten 4. Headmaster Professor Natsuki Ohara für viele Stunden der Ausbildung in seinem Studio in Tokio. Diese Arbeit ist für uns ein kunstpädagogisches und künstlerisches Ereignis seit 1980, an dem wir teilnehmen konnten.

Hôun Ohara verlieh Hildegard Wittig den Ohara-Künstlernamen ›Hôka‹. Wie in Japan üblich, wurde bei der Namensgebung eine Silbe des Meisternamens Hôun, nämlich ›Hô‹, in den Namen der Schülerin einbezogen, die ›Hôka‹ genannt

wurde (Hô = Reichtum; ka = Blume), so daß der Name des Meisters im Namen des Schülers fortwirkt und diesen an seine Lehre bindet.
Als Zeichen unseres Dankes widmen wir dieses Buch der Ohara-Bewegung.
Ein Ikebana-Lehrer steht nicht allein. Er sollte auch nicht ausschließlich auf seine Richtung konzentriert sein, sondern am gesamten Ikebana-Leben teilnehmen. So wurde Hildegard Wittig auch in der Ikenobô-Schule ausgebildet, erhielt den höchsten Lehrergrad ›Sokako‹ (Ikenobô-Ikebana-Professor 1. Ranges), den Ehrentitel ›Junkatoku‹ (Senior-Professor der Ikenobô-Schule) und nahm an öffentlichen Ausstellungen der Ikenobô-Schule in Tokio teil, unter anderem 1979 im Metropolitan-Museum Tokio-Ueno. Sie ist ihrer verehrten Ikenobô-Lehrerin, Professor Hamako Honma, zu außerordentlichem Dank verpflichtet. Die gleichzeitige Ausbildung und Arbeit in zwei der großen Ikebana-Schulen Japans hat ihr vielgestaltige Dimensionen der Blumenkunst in unterschiedlichen Richtungen des Ikebana eröffnet.
Die Deutsche Kadô-Schule Tokio und Bad Zwischenahn (DKS) wurde 1978 in Tokio gegründet und setzt 1983 auch am Stammsitz in Bad Zwischenahn diese Arbeit fort. Sie entstand als Ergebnis einer über zwölfjährigen Ikebana-Tätigkeit in Japan, bietet aber nicht nur Ikebana-Unterricht, sondern auch kulturelle Veranstaltungen zur Kunst und Kultur Japans. Wir sind der von Masami Kameda geleiteten ›Intercultural Society for the Arts, Tokio‹ dankbar für die Vermittlung von Kontakten und für gemeinsame Veranstaltungen in der Bundesrepublik und in Japan. In Anerkennung der deutsch-japanischen Kulturarbeit verlieh der Großstadtbezirk Tokio-Meguro durch seinen Oberbürgermeister T. Tsukamoto im Mai 1982 in Oldenburg Professor Dr. Horst E. Wittig die Goldene Ehrenmedaille der Stadt Tokio-Meguro für ›Verdienste um die kulturelle Zusammenarbeit zwischen Japan und Deutschland‹. Damit wurde auch die bisherige Tätigkeit der Deutschen Kadô-Schule geehrt.

Der internationale Schüler- und Lehrerkreis der Deutschen Kadô-Schule hat Ausstellungen, Demonstrationen, Exkursionen und Studienreisen in Japan und Deutschland durchgeführt. Bis zum Sommer 1982 wurden fünf Absolventen der DKS mit dem Grad eines Ohara-Masters und 21 mit dem Grad eines Ohara-Lehrers ausgezeichnet. Daneben erhielten zahlreiche Schüler und Schülerinnen den Grad eines Ohara-Assistenz-Lehrers.
Mit Interesse wurde in der japanischen Öffentlichkeit registriert, daß sich in Tokio die erste deutsche Ikebana-Schule etabliert hatte, an der sich auch Schülerinnen aus Japan und China ausbilden lassen.
Nicht unerwähnt bleiben darf das Projekt einer berufsbezogenen Ikebana-Ausbildung für Schülerinnen der Deutschen Schule Tokio, die als außerunterrichtliche Arbeitsgemeinschaft unter Leitung von Hildegard Wittig angeboten und bis Sommer 1982 durchgeführt worden ist. Zum Abschluß dieser Ausbildung erhielten zwei Schülerinnen der Oberstufe des Gymnasiums das Lehrerdiplom der Ohara-Schule, eine sogar den Grad eines Ohara-Masters, weitere Schülerinnen den Grad eines Assistenz-Lehrers, darunter auch zwei Japanerinnen. Dank gilt der Stiftung Deutsche Schule Tokio für die Möglichkeit zur Durchführung dieses Projektes einer berufsbezogenen Ikebana-Ausbildung.
Unser Buch ist aus der Praxis erwachsen und ist ein Resultat der Ikebana-Arbeit, die wir 1959 begannen. Nach handwerklicher Vorbildung durch eine Goldschmiedelehre und ein Fachschulstudium betrieb die Verfasserin ihr Ikebana-Studium in den Ohara-Meisterkursen nach der Ausbildung in Ohara-Schulen von Tokio, Kôbe und Matsumoto. Hinzu kommt seit 1978 die Arbeit in der eigenen Deutschen Kadô-Schule Tokio und Bad Zwischenahn.
Das Buch entstand aus der Praxis für die Praxis, so daß es der Leser für die eigene Ikebana-Arbeit einsetzen kann. Praxis heißt in diesem Falle aber nicht nur die Arbeit mit Blumen und Pflanzen allein, sondern auch die Teilnahme an zahlreichen Aktivitäten (Demonstrationen, Ausstellungen, Semi-

nare, Exkursionen usw.), die den Ausbildungsplan konstituieren.
Die Fotos sind bis auf wenige Ausnahmen im Studio des Foto-Meisters Shigeru Tanaka, Matsumoto, Asama-Onssen (japanische Alpen) eigens für dieses Buch produziert worden. Es handelt sich ausschließlich um Originalfotos der Arrangements von Hildegard Wittig und einige Arrangements von Hôun und Natsuki Ohara als Ikebana-Meisterwerke aus Ausstellungen der letzten Zeit. Für die Erlaubnis zur Aufnahme dieser Fotos in den vorliegenden Band danken wir der Ohara-Schule Tokio, vor allem Miß Wakako Ohara.
Übersetzungen aus dem Japanischen wurden in Zusammenarbeit mit Fachkollegen erstellt und überprüft. Ihnen und allen anderen, die uns bei unserer Arbeit hilfreich zur Seite standen und die wir hier leider nicht namentlich nennen können, sagen wir unseren herzlichen Dank.
Außerdem danken wir dem Verlag Wilhelm Heyne für verständnisvolle und geduldige Förderung dieses Projektes, das dem Leser nicht nur einen Zugang zur japanischen Blumenkunst eröffnen will, sondern als Beitrag zur deutsch-japanischen Kulturarbeit verstanden werden sollte.

Hildegard Hôka Wittig – Horst E. Wittig

Deutsche Kadô-Schule Tokio und Bad Zwischenahn
Erste deutsche Ikebana-Schule in Japan (DKS)

Matsumoto-shi und Karuizawa-machi
Nagano-ken, Sommer (Shôwa 57) 1982

Ikebana in der japanischen Kultur

Dieses Buch kann und will keine Kulturgeschichte der japanischen Blumenkunst bieten und wird auf diesen Hintergrund nur skizzenhaft eingehen, da hier ein Lehrbuch vorgelegt wird, das eine praktische Einführung in das Ikebana der populären Ohara-Richtung bringt.

Die japanische Blumenkunst Ikebana oder Kadô = der Blumenweg ist durch Literatur, Fernsehen, Ausstellungen und Demonstrationen hinreichend bekanntgeworden und der Leser versteht zumindest so viel unter diesem japanischen Wort, daß damit künstlerisches Blumenanordnen oder -stellen bezeichnet wird.

Der Rückgriff auf die beiden chinesisch-japanischen Schriftzeichen (Kanji oder Idiogramme genannt), aus denen sich das Wort Ikebana zusammensetzt, zeigt zuerst das Zeichen *Hana/bana* und das zweite Zeichen *ikeru.*

Hana wird gemeinhin mit Blume übersetzt, es können damit aber auch Pflanzen oder Teile von Pflanzen gemeint sein. Das zweite Schriftzeichen ist vom Verb *ikeru* (auch *ikiru* oder *ikasu*) herzuleiten.

Ikeru ist eine Tätigkeit: Blumen oder Pflanzen werden in ein Gefäß gesetzt, gestellt, arrangiert.

Ikeru kann aber auch leben, existieren, am Leben sein, zur eigentlichen Gestalt kommen, bedeuten. Dieses Verständnis verweist auf den Bildungsprozeß des Menschen, meint aber vorerst einen künstlerischen Vorgang; denn mit den Blumen und Pflanzen soll ein Abbild der reinen Natur geschaffen werden.

Die Übersetzungsvarianten werden vielfältiger, wenn auf die früher übliche Aussprache zurückgegriffen wird, in der beide Schriftzeichen nicht Ikebana, sondern *Shô-ka* oder *Sei-ka* ausgesprochen wurden. Mit *shô* oder *sei* wurde Leben, Dasein, Existenz ausgedrückt, *ka* ist Blume. Damit erreicht die japanische Blumenkunst philosophische Dimensionen eines Blumenweges des Menschen, das heißt *Ka* ist die Blume, *dô* der Weg, jedoch in diesem Zusammenhang mehr ein philosophischer oder bildungsphilosophischer Weg, eine Zielvorstellung. Der Mensch vermag durch Naturbetrachtung und -beobachtung in Verbindung mit Reflexion oder Meditation zu Einsichten in seine Existenz als menschliches Wesen zu gelangen. Er erkennt die Vergänglichkeit und gleichzeitig die Beständigkeit der Natur.

So wird deutlich, daß die beiden Ideogramme *ikeru* und *Hana* in ihrer Zusammensetzung zum Wort Ikebana nicht nur die Praxis der Blumen- und Pflanzenzusammenstellung meinen. Sie symbolisieren das Lebendigwerden der Natur im künstlerisch gestalteten Arrangement. Hierbei sind jedoch die Gesetze und Erfahrungen der Überlieferung zu beachten. Mit *ikeru* und *hana* ist aber nicht allein das künstlerische Anordnen von Blumen nach ästhetischen Gesetzen gemeint, sondern die spannungsreiche Zusammenschau von Natur und Leben im Brennpunkt des Blumenweges (Kadô).

Die europäische Denktradition lebt aus dem Spannungsverhältnis von Subjekt und Objekt. Dies wird in der japanischen Gedankenwelt aufgehoben, welche die heterogenen Pole des Denkens zur Übereinstimmung führen will. Das gilt auch für die philosophischen Grundlagen des Blumenweges, der die Polarität von ›Mensch und Natur‹ aufhebt. Mit anderen Worten: Die Praxis des Ikebana ist Philosophie, die Philosophie findet im Blumenweg ihre künstlerische Entsprechung.

Die religiösen Wurzeln der japanischen Geistesentwicklung sind vom Shintôismus und vom Buddhismus geprägt worden. Von der Naturlehre des Shintô als Ausgangspunkt führt der Buddhismus zur Metaphysik. Die Blumenkunst hat sich erst im religiös-kultischen Bereich entwickelt. Der Sitz des Buddha auf der Lotosblüte und die Darbietung von Blumen in Tempeln als kultische Handlung waren noch keine Elemente der Blumenkunst, jedoch Ausdrucksbereiche der Meditation.

Beim Betrachten einer Blume, beim Anblick der Wolken können Geist und Natur zur Übereinstimmung gelangen und fallen nicht – wie bei Marx für eine bestimmte Existenzform der ›Entfremdung‹ – auseinander. Wie aber gelangt der Mensch zu dieser Übereinstimmung mit der Natur? Hier begegnet uns der Begriff des Weges. Er spielt in der Kunst Ostasiens eine große Rolle und meint das endlose, strebende Eindringen in das Absolute. Der griechische Begriff des ›telos‹ (Ziel), den wir aus der Diskussion um das Bildungsziel des Menschen kennen, wäre zum Vergleich heranzuziehen. Im klassischen Bildungsbegriff treten Vorstellungen auf, die sich in etwa mit dem berühren, was in der Denktradition Ostasiens als Weg bezeichnet wird.

Eine derartige Weltsicht auf der Grundlage des Lebens- und Bildungsverständnisses, wie sie durch die Wege vorgezeichnet sind, muß die Existenz- und Denkform eines Volkes prägen und ein bestimmtes Kunstverständnis herausbilden. Wenn das Kunstwerk – sei es eine Bilderrolle (Kakemono), ein Wandschirm (Byôbu), ein Werk der Gartenkunst (z. B. der bekannte Sand- und Steingarten des Klosters Ryôan-ji in Kyoto aus der zweiten Hälfte des 15. Jahrhunderts), ein Werk der Malkunst von Kôrin Ogata (1658–1761) oder ein Blumenarrangement von Ikenobô oder eines anderen Blumenmeisters der Vergangenheit – die Natur so darstellt, daß damit die Realität und ihre ästhetische Reproduktion verständlich wird, so muß der Schöpfer wahrhaftig ein Meister genannt werden. Toshimitsu Hasumi geht davon aus, daß Japaner ›die Grenzmauer zwischen Kunst und Leben‹ aufheben. Die einzelnen Wege wirken in der japanischen Kunst aufeinander und sind ineinander verschränkt, so zum Beispiel die Garten- und Teekunst mit der Blumenkunst, die

Malerei mit der Poesie und Blumenkunst. Alles steht unter der anspruchsvollen Forderung, daß die aktive Teilnahme des Betrachters durch das Kunstwerk zu erwecken ist, was auch in der Ikebana-Praxis hervorgebracht werden kann.
Nicht unerwähnt bleiben dürfen die beiden ästhetischen Begriffe und kunsttheoretischen Kategorien *sabi* und *wabi,* die auch für die Blumenkunst in Anspruch genommen werden müssen. In seinem Grundverständnis läßt sich das Wort *sabi* zunächst mit Einsamkeit, Verlassenheit, ja mit Verfall, Patina übersetzen, womit aber ein Schönheitsideal der japanischen Kunst bezeichnet wird, das in der Kamakura-Zeit (1185–1333) entstand und für die Dichtkunst charakteristisch ist. *Sabi* drückt die höchste Schönheit aus, jedoch in Schlichtheit, Ruhe und Einsamkeit. Der Künstler besitzt eine tief-innere Einsamkeit, die der Leere *(mu)* des Zen und dem *sabi* nahekommt und ihn zu seinem Selbst führt, aus dem sich sein Schaffen entfaltet.
Wabi ist als kunsttheoretischer Begriff in seiner Grundstimmung dem Gefühl der Einsamkeit ähnlich, aber auch ein Erlebnis der Stille, das zum Beispiel der Betrachter vor einem Kunstwerk erwirbt. Auch dieser Begriff wird durch Zen gewandelt und kommt dem *sabi* nahe. Er verschmilzt mit ihm zu einer Grundkategorie der japanischen Kunst. Anstelle des ehemaligen Verständnisses eines ›Sich-einsam-und-elend-Fühlens‹ tritt das Gefühl des ›Sich-selbstgenug-Seins‹ und die Erkenntnis des Urwesens der Dinge. Aus dieser durch Meditation bestimmten Einstellung entsteht die künstlerische Aussage.

Blumenopfer für Buddha *(Bukka)* kamen mit dem Buddhismus von China nach Japan. Kronprinz und Regent Shôtoku (574–622), der erste große Neuerer in der Geschichte Japans, förderte die Verbreitung des Buddhismus im Lande und ließ im Jahre 607 in der Nähe von Nara den Hôryû-ji bauen. Er ist »der älteste erhaltene Tempel Japans, und vielleicht stellen einzelne seiner Gebäude die ältesten Holzbauwerke der Welt überhaupt dar. Für die Entwicklung, die der Buddhismus auf den Gebieten der bildenden Künste, des Kunsthandwerks und der Architektur einleitete, ist dieser Tempel das früheste Zeugnis«.

In der Geschichte des Ikebana spielt zuerst diese Darbietung von Blumen vor den Buddhafiguren der Tempel eine Rolle, die auf die Nara-Zeit (710–784/794) zurückgeht. Blumenopfer *(Kuge)* sind Ausdruck der Naturliebe des Volkes, aber auch ein Zeichen der Meditation und die Darstellung des Göttlichen im Blumenmaterial, wobei der Lotos als Symbol für die Reinheit Buddhas verwendet wird. Architekturprofessor Josiah Conder schrieb 1891 in Tokio über die Blumenopfer, bei denen bereits verschiedene Blumenmaterialien gemischt wurden. Die Nachgestaltungen solcher Kuge in Bronze oder anderen Metallen sind in vielen Tempeln zu finden und erinnern an die alten Blumenopfer. Die üblichen Anordnungen zeigen aufrechte Formen in hohen Bronzevasen, wobei das Material in Dreierform *(sanson)* geordnet wurde, was mit dem buddhistischen Trinitäts-Prinzip zusammenhängt. Dieses Dreierprinzip erlangte in der Muromachi-Periode (1338–1573) große Bedeutung, als die Regeln der Blumenkunst formuliert wurden.

Der Weg des Ikebana verlief über chinesische Anregungen zu typisch japanischen Gestaltungen. Wer den Hôryû-ji besucht, wird in dieser vom Prinzen Shôtoku gestifteten Anlage an die Zeit des 6. Jahrhunderts erinnert, auf welche der historische Roman von Yasushi Inoue ›Das Tempeldach‹ zurückgreift, der in deutscher Übersetzung von Oscar Benl vorliegt. Dieser Roman handelt zur Zeit des Prinzen Shôtoku, der unter der Kaiserin Tennô Suiko im Jahre 593 Regent wurde. Der buddhistische Mönch Gôgyô reiste mit einer japanischen Gesandtschaft nach China, um dort viele entbehrungsreiche Jahre mit dem Kopieren von Sutren zu verbringen, die er später nach Japan zu überführen gedachte. Nach leidvollen, schweren Jahren kam die Stunde der Rückkehr. Der Mönch nahm den Schatz der von ihm kopierten Sutren mit auf das Schiff und war überzeugt, daß diese Lehrbücher zur Entwicklung des Buddhismus in Japan

beitragen würden. Inoue schreibt: »In dem Hauptheiligtum vor der Amida-Buddha-Statue werden fünfundzwanzig Blumen als Symbol für dic fünfundzwanzig Buddha gestellt – man wird in Japan dafür Chrysanthemen oder Kamelien verwenden.« Im Buddhismus sind entweder fünfundzwanzig, sieben oder sechs Buddha bekannt. Hier werden fünfundzwanzig genannt, was in Verbindung mit den fünfundzwanzig Bosatsu zu sehen ist, die später Buddha werden. Der Amida-Buddha läßt die Verstorbenen in die westliche Amida-Welt eintreten, das heißt in den buddhistischen Himmel (oder in das Paradies). Wahrscheinlich sind diese fünfundzwanzig Blumen für den Übergang der fünfundzwanzig Buddha in die Amida-Welt gedacht. Hier wird die Bindung der Vorformen des Ikebana an die buddhistische Überlieferung deutlich.
Kronprinz und Regent Shôtoku errichtete in Kyoto einen sechseckigen Tempel, den Choho-ji, der wegen seiner Form im Volksmund bis heute Rokkakudo genannt wird. Hier befindet sich die Geburtsstätte der japanischen Blumenkunst. Horst Hammitzsch schreibt über die im 7. Jahrhundert von Ono no Imoko (später Abt Senmu) begründete Ikenobô-Richtung des Ikebana: »Imoko aus dem Flecken Ono im Kreise Shiga von Omi wurde im Jahre 607 von der Kaiserin Suiko als Gesandter an den Hof der Sui-Dynastie nach China befohlen. Dort wurde er mit der Kunst, Blumen als Opfergaben vor dem Altar Buddhas aufzustellen, bekannt. So fand diese Kunst Eingang in Japan. Eines Tages fand der Kronprinz Shôtoku (574–622) in einer vom Meer angespülten Kiste eine Statue des Bodhisattwa Avalokitesvara. Er macht die Statue zu seiner Schutzgöttin und erbaute einen Tempel. Imoko, der die Tonsur nahm, verehrte die Gottheit und stellte alltäglich, wie er es in China gelernt hatte, vor der Gottheit Blumen auf. Neben dem Tempel befand sich ein Weiher. An seinem Ufer errichtete Imoko seine Klause. Dort vertiefte er sich mehr und mehr in die Kunst des Blumenanordnens. So erhielt seine Lehre schließlich den Namen Ikenobô – ›Klause am Weiher‹.«

Tatebana/Rikka sind der eigentliche Beginn der Blumenkunst in Japan. Unabhängig von diesen Vorläufern und Blumen-Opfergaben Tatebana, später Rikka, sind sie die ersten formalen Blumenarrangements in Japan, die sich vom 14. bis zum 16. Jahrhundert entwickelt haben. Sie wurden in Palästen und Häusern der Adligen, Priester und Samurai in Bronzevasen oder chinesischen Porzellangefäßen angeordnet. Mit großer Sorgfalt wurden dazu Rollbilder ausgewählt. Sie ergaben mit den Rikka-Arrangements in der Schmucknische ein Gesamtkunstwerk.
Mit der Ausbreitung des Buddhismus wurden die religiösen Riten nicht nur in Tempeln, sondern auch in den Häusern des Adels ausgeübt. Auf einer Bilderrolle von Takashina Takakane aus dem Jahr 1309 sind Blumen als Opfergaben vor Rollbildern mit buddhistischen Motiven zu sehen, welche an die Stelle der Tempelstatuen traten.
Zur Zeit des Shôgun Yoshimitsu Ashikaga (1358–1408) wurde die Blumenkunst im besonderen Maße gefördert. Allgemein kamen in dieser Zeit Kunst und Wissenschaft zur Blüte. Neben Ikenobô traten aber auch andere Blumen-Meister hervor, unter anderem Sôami, Ryumami, Monami, Rikyu, die ihre Schüler um sich scharten und damit ihre Richtungen fixierten. Auch das erste Dokument der Ikebana-Literatur entstand in dieser Zeit. Es ist das unter dem Titel ›Sendenshô‹ bekannte Regelwerk aus dem Jahre 1445, das insgesamt 53 verschiedene Arrangements beschreibt. Es ist die älteste bekannte Ikebana-Urkunde.
Das 1541 von Ikenobô Senno herausgegebene ›Senno Kuden‹ enthält schon detaillierte Regeln zur Gestaltung der Arrangements. Unter anderem bringt es Vorlagen für Landschaftsgestaltungen. Dabei handelt es sich jedoch immer um die gleiche Landschaftsszenerie des mythischen Berges Meru, symbolisiert durch einen Kiefern- oder Föhrenzweig. Ein Arrangement dieser Art erfordert große Hingabe, setzt einen hohen Zeitaufwand voraus, jedoch auch entsprechende Räume und eine Tokonoma (Bildnische). Der in die Höhe reichende Hauptzweig wurde *Shin* genannt, der die Sonnen-

seite darstellende Zweig hieß *Shoshin* (kleines Herz). Das gesamte Arrangement war in feste Regeln gefaßt, die es zu erlernen und anzuwenden galt.
In der Geschichte der Ikenobô-Schule wird die folgende Entwicklung skizziert: Auf Senmu Ikenobô folgt eine stattliche Reihe erlauchter Priester, allesamt auch Blumenmeister. »Was im einzelnen in dieser frühen Zeit genau geschah, ist durchaus nicht klar, die Genealogie oft verworren, die Zahlen, mit denen die Leiter der Schule benannt wurden, können nur als traditionelle Bezeichnungen gelten. Bisweilen jedoch hat man festen Boden unter den Füßen. In der zweiten Hälfte des 15. Jahrhunderts stellte Senkei XII. die ersten definitiven Rikka-Regeln auf; er wird deshalb oft der eigentliche Gründer der Ikenobô-Schule genannt.«
Im Jahre 1479 verlieh Shôgun Yoshimasa (1435–1490) den Ikenobô einen Titel ›Schöpfer des japanischen Blumenweges‹. Später erhielt Senkô Ikenobô den Titel ›Kaiserlicher Ikebana-Meister‹ (1629), mit dem auch Pflichten verbunden waren. Senko XXXII. hatte die Kinder des Tennô in der Blumenkunst zu unterrichten und die Palastanlagen in Kyoto auszustatten. Bis zum Sturz des Shôgunats 1867 war der jeweilige Ikenobô-Iemoto verpflichtet, jährlich drei Arrangements für den Palast in Edo zu erstellen.
In der Tokugawa-Zeit erhielt das Haus Ikenobô den Auftrag, die Verantwortung für das gesamte Ikebana des Landes zu übernehmen. Das führte zu einer Monopolstellung dieser Richtung und erlosch erst nach der Meiji-Restauration.
Das Rikka der Ikenobô mit seinen neun bzw. sieben Hauptelementen der Anordnung war vom Ausdruck der Schönheit und Harmonie bestimmt und wurde oft in monumentaler Größe gestaltet. Es wurde von Mitgliedern der kaiserlichen Familie, von Hofbeamten, Priestern der Oberklasse und Samurai kultiviert und fand in Palästen und Häusern der Oberklasse seinen Platz. Soziologisch betrachtet blieb das Rikka in der Folgezeit auf die Aristokratie begrenzt, entartete aber zum Formalismus. In der Gegenwart setzt sich in der Ikenobô-Bewegung eine neue Rich-

tung durch, die von Senei Ikenobô gefördert wird. Er sublimiert in seinen Gestaltungen, getragen von hoher Könnerschaft, die klassischen Formen in eleganter Gestaltung.

Shôka oder Seika entstand im 17. und 18. Jahrhundert als einfacher, aus drei Zweigen asymmetrisch gestalteter Stil, der sich als elegante Gestaltung zwischen dem klassischen Rikka und dem Nageire entwickelte. Im Gegensatz zum Rikka ist Shôka natürlicher und einfacher, aber ebenso wie beim Rikka steigen drei Linien aus einem Fuß auf. Shôka entwickelte sich als Alternative zum formalen Rikka. Der Begriff Shôka heißt: gestellte, lebendige Blumen, das Schriftzeichen *Seika* kann allerdings auch *Shôka* gelesen werden.
Im 18. und 19. Jahrhundert setzte die Blütezeit des Shôka ein. Ikenobô Senkô kodifizierte 1816 die Regeln des Shôka, die bis heute Gültigkeit besitzen und zur allgemeinen Popularisierung beitrugen. Das moderne Shôka entwickelte sich im 20. Jahrhundert in zahlreichen Schulrichtungen. Neben einer klassischen entstand auch eine bewegte Form mit drei Materialien, bei der ausländische Pflanzen verwendet werden.
Auch beim Shôka wird das Dreierprinzip durchgehalten. Der persönliche Ausdruck des Gestalters tritt hinter einer überindividuellen Idee zurück. In der Geschichte des Ikenobô-Ikebana schreibt der 45. Headmaster Senei Ikenobô, daß einer seiner Vorgänger, der 40. Headmaster Senjô, gewisse Elemente des Rikka mit dem Nageire verbunden und das »überwältigend populäre Shôka geschaffen habe«. Der Terminus Shôka wurde lange Zeit gleichbedeutend mit dem Wort Ikebana verwendet. Daraus wird die Popularität der Shôkaform ersichtlich.

Nageire Heika (wörtlich: ›hineinwerfen‹) entwickelte sich vom 17. bis zum 19. Jahrhundert und erlebt im 20. Jahrhundert seine Blütezeit. Mit klaren Linien und Natürlichkeit wird es in fast allen Ikebana-Schulen mit drei Hauptlinien

gestaltet. Hôun Ohara schreibt: »So wie das elegante Rikka gefördert wurde und propagiert unter der oberen Klasse, so wurde das Nageire von den Kaufleuten und der Allgemeinheit aufgenommen.« Es ist charakteristisch für die Entwicklung der Blumenkunst, daß diese eine Domäne männlicher Meister war, was sich erst im 18. Jahrhundert allmählich änderte. Vornehmlich Damen der Mittelklasse widmeten sich nunmehr dem Nageire. Dieser Stil schien eine Welle der Freiheit im Ikebana zu verheißen. Die Leichtigkeit des Nageire und seine Eleganz boten einen einfachen Zugang, was viele Damen offensichtlich anzog.
Wie der Staatsmann Yoshimitsu Ashikaga mit den führenden Tee- und Blumenmeistern seiner Zeit in Verbindung stand und sie förderte, so auch der Heerführer und spätere Großkanzler Toyotomi Hideyoshi (1536–1598), der den Teemeister Sen no Rikyû (1521–1591) fast wie seinesgleichen aufnahm und ihn für seinen Palast in Kyoto Monumentalwerke der Blumenkunst schaffen ließ, was seiner Liebe zur Prachtentfaltung entgegenkam. Sen no Rikyû schuf in seinem Auftrag zur Ehre des Großen Buddha im Großen Osttempel zu Nara eine achtzehn Meter hohe Ikebana-Gestaltung. Gleichzeitig führte der Teemeister den Großkanzler in die Ästhetik des Teeweges ein und vermittelte ihm den Geist des Wabi, was das Verständnis des Heerführers für die Schlichtheit beim Tee- und Blumenweg förderte. Die Momoyama-Epoche (1573–1600), nach einem Palast Hideyoshis benannt, leitete in die neuere Zeit Japans ein. Sie wurde das goldene Zeitalter des Nageire.
Im Gegensatz zu den monumentalen Rikka-Gestaltungen dieser Zeit kam durch den Aufschwung der Teezeremonie eine Zurückwendung zu den schlichteren Formen der Blumenkunst. Die bekannte Anekdote, die es in mehreren Varianten gibt, sei hier nicht ausgelassen: Eines Tages saßen Hideyoshi und Sen no Rikyû zusammen in der freien Natur. Es war heiß, so daß vor dem Heerführer ein Holzzuber mit kaltem Wasser zur Erfrischung aufgestellt wurde. In der Nähe bemerkte Hideyoshi einige Iris, und er forderte

den Meister auf, damit ein Arrangement zu gestalten. Da dieser aber keinerlei Gerätschaften bei sich hatte, schnitt er mit seinem Dolch einige der Iris ab und verband – scheinbar einem Impuls folgend – die Blumen mit der Waffe, die er zusammen in den Holzzuber warf. Das Wasser glättete sich, und Hideyoshi sah ein absolutes Meisterwerk der Blumenkunst, eine Nageire-Gestaltung von Meisterhand.

Das Wort Nageire kann auch als *Heika* gelesen werden, so daß sich beide Bezeichnungen finden. Für das Nageire ist die philosophische Weisheit ›Weniger ist mehr‹ charakteristisch. Die Natürlichkeit der Gestaltung ist das Hauptziel. Nageire/Heika wird in hohen Vasen angeordnet.

Chabana zur Ergänzung und Vervollständigung der Teezeremonie wirkt ebenso wie kunstlos in das Blumengefäß hineingeworfen. Doch soll hierbei die Natur verdichtet werden und in ihrer jahreszeitlichen Gestalt bei der Teezeremonie mitwirken. Das Chabana bildete sich vom 15. bis 16. Jahrhundert aus. Es wurde von der Zen-Philosophie beeinflußt und von berühmten Tee- und Blumenmeistern geübt. Es wird bis zur Gegenwart in zahlreichen Schulrichtungen gepflegt. Unter anderem sei auf die Higashi-Ikenobô-Tee- und Chabana-Schule in Tokio-Meguro verwiesen, geleitet von der Headmistress Iwata. Der Teeweg soll zur inneren Harmonie führen und sich in äußerster Schlichtheit darstellen. Das kommt in den Kategorien der Harmonie *(wa)*, Reinheit *(sei)* und Stille *(jaku)* zum Ausdruck, die auch für die Blumenkunst Gültigkeit besitzen.

Bunjin oder Literati-Stil trat als Gegenbewegung Ende des 18. Jahrhunderts auf. Das Bunjin richtete sich gegen den Formalismus, der das Ikebana nach und nach beherrscht hatte. Diese Bewegung, getragen von Literaten, Gelehrten und Künstlern, trat auch in der Schriftkunst hervor, wo sie eine freie, ungekünstelte Pinselführung forderte und so eine ähnliche Entwicklung einleitete wie beim Ikebana.

In der Malerei wurde die Bunjin-ga (oder Nanga)-Richtung das Sammelbecken aller frei experimentierenden Maler, die sich auch Literatenmaler nannten und Anregungen aus der europäischen Kunst aufnahmen, z. B. in der Frühzeit dieser Richtung die Künstler Yosa Buson (1716–1783) und Ike no Taiga (1723–1831).

Auch im Kreis konfuzianischer Gelehrten fand die neue Richtung bald Beifall. In der chinesischen Malerei der Ming-Zeit fanden sich Anregungen, die der Maler Shen Nan-p'in, der aus China nach Nagasaki gekommen war, in Japan vermittelte. Die Gelehrten und Künstler des Bunjin-Stils brachten eine Woge der Natürlichkeit in die Ikebana-Welt, die der Freiheit nach der Öffnung des Landes durch die Meiji-Restauration vergleichbar war.

Das Bunjin brachte der Blumenkunst freie, ungebundene Formen (Bunjin-bana), die bis zur Gegenwart fortwirken und die traditionellen Schulen des Landes herausforderten, so daß ein belebender Wettstreit der Richtungen entstand. Die Bunjin-Bewegung fiel fast mit der Entwicklung der Moribana-Formen von Unshin Ohara zusammen.

Während die Ikenobô-Richtung ihre Konzentration vor allem in Japan erlebte, kam durch das Ohara-Ikebana und durch die Sôgetsu-Schule der Trend zum Internationalismus hinzu, der die japanische Blumenkunst in aller Welt bekanntmachte. Aber nicht allein diese drei großen Schulen sind Träger dieser Entwicklung, sondern mit ihnen viele andere, wie zum Beispiel Mishô (die als herb und erhaben galt, sich aber auch modernisierte), Koryû (als schmuck und modisch bezeichnet), Enshû (elegant und farbenprächtig), Ichiyô (die auf den ausländischen Bevölkerungsanteil in Japan wirkte und als erste Ikebana-Schule ein Fernstudiensystem entwickelt hat), Saga Goryu (die ihre klassische Tradition fortsetzt) und viele andere mehr. Ein handgeschriebenes Arbeitsbuch der Enshû-ryû (undatiert, etwa Ende des 19. Jahrhunderts) belegt die Eleganz der Ikebana-Arbeit aus dieser Zeit, als die Massenmedien noch nicht wie heute zur Popularisierung des Ikebana beitrugen.

Das Ikebana-Regelwerk

Sämtliche Regeln, die Systematik und Methodik des gesamten praktischen Arbeitsbereichs der Blumenkunst, nennen wir das Ikebana-Regelwerk. Mancher Anfänger meint, das würde ihm den Zugang zur Blumenkunst erschweren, zudem das Regelwerk kaum systematisch zusammengestellt und vermittelt und oft nur durch die eigene Erfahrung durchsichtig wird.
Es gibt aber kaum ein Lebensgebiet, das ohne Regelwerk auskommt, Regeln aller Art gehören zur Bewältigung aller Lebensgebiete. Jede Ikebana-Schule bemüht sich um die Herausbildung eines eigenen Regelwerks, das aus der jeweiligen Tradition entstand und durch die großen Ikebana-Meister fortgebildet wird. Die Terminologie wechselt von Schule zu Schule, so daß ein Verständnis erschwert wird und kaum Vergleiche möglich sind. Wir führen hier als Beispiel die unterschiedlichen Bezeichnungen für die drei Hauptlinien der Ikebana-Arrangements auf, wie sie in der Ikenobô-, Ohara- und Sôgetsu-Schule verwendet werden, wobei unsere Reihenfolge dem Alter dieser drei großen Ikebana-Schulen folgt. Alle Regeln lassen sich aber zurückführen auf das Grundschema der drei Hauptzweige

Himmel – Erde – Mensch,

das sogenannte Dreierprinzip des Ikebana:

Ⓐ	△B	[C]	[F]
Subjekt	Zweitlinie	Objekt	Nebenlinie/Füller
(Himmel)	(Mensch)	(Erde)	*(Chukan)*

Ikenobô	Ohara	Sôgetsu
shin	shu/shushi	shin
soe	fuku/fukushi	soe
tai	kyaku/kyakushi	hikae

Weitaus schwieriger ist das Erfassen der ästhetischen Kategorien, auf die wir bereits verwiesen haben. Sie sind eine Art ästhetischer Grundkonzeption der Blumenkunst und werden – oft unausgesprochen – in allen Schulen realisiert, was jedoch eine lange Kennerschaft voraussetzt.
Falsch wäre es, wenn der Ikebana-Student bei den Regeln stehenbleiben würde. Er muß vielmehr versuchen, über das Regelwerk hinwegzukommen, was nach jahrelanger Übung gelingen wird. Sôfu Teshigahara, der Begründer der Sôgetsu-Schule, schrieb: »Gerade darin liegt der Unterschied zwischen Blumenbinderei und Blumensteckerei auf der einen und dem Ikebana auf der anderen Seite. Man erkennt das Wesen der Blumen, man studiert die Geschichte der Blumenkomposition, und wenn man alle Regeln erlernt und alle Techniken gemeistert hat, beginnt man zu formen. Und dann geschieht etwas Wunderbares. Aus einer Handvoll Blumen und einem Tablett voll Blättern entsteht etwas grundsätzlich anderes als die Summe der einzelnen Teile. Sie sind zu etwas Neuem kombiniert und umgeschaffen worden, zu einem Ikebana, in dem sowohl der Geist der Blumen als auch das Herz des Gestalters zum Ausdruck kommt.«
Eben dazu bedarf es auch der Regeln und des Regelwerks der betreffenden Schule.
Aber selbst erstarrte Regeln weisen auf den Ausgangspunkt des Ikebana zurück, auf die Natur. Das Regelwerk kann unter Umständen formalisiert sein und geradezu zur Erneuerung herausfordern, was in der japanischen Blumen-

kunst immer wieder zum Pendelschlag zwischen Freiheit und Regelbindung geführt hat. Wenn wir an den Einschnitt in der Geschichte des Ikebana denken, der Unshin Ohara zu verdanken ist und seiner Schöpfung des Moribana, so mußte zwangsläufig auf seine Kreation als nächster Schritt die Regelsetzung folgen, ohne die ja auch die Lehre nicht denkbar wäre. Die künstlerisch neue Idee ist später schulmäßig und didaktisch auszubauen, da sie an die Schüler weitergegeben werden muß, was nicht ohne Regeln erfolgen kann. Das bekannte Wort von Shoji Yamagami, »Dem Meister der Blumen ist jede Blume zu willen«, impliziert die Grundvoraussetzung der Meisterlehre, die Regeln, die für Anfänger wie für Meister gelten. Der Meister kann sie jedoch von Fall zu Fall durchbrechen.
Im Grunde enthält das Regelwerk des Ikebana aber auch eine geistige Herausforderung, und sowohl die Vermittlung wie die Aufnahme der Regeln setzen hohe Ansprüche. So gesehen ist die Ikebana-Praxis nicht nur eine praktische Tätigkeit, sondern auch eine geistige Übung. Jenseits des Regelwerks erfährt aber der Mensch im Vollzug der Blumenkunst in seinem Arrangement eine Spiegelung der Natur, und seine auf dem Fundament eines Regelwerks beruhende Arbeit ist ein Eindringen in die Natur, die damit auf ihn zurückwirkt. Teshigahara umschrieb dies wie folgt: »Menschliches ist in die Natur eingedrungen und hat aus ihr ein Kunstwerk gemacht, über das man nachsinnen kann.«

TEIL I GRUNDLAGEN

Die Ohara-Schule (Kôbe und Tokio)

Die Ohara School of Ikebana, nachfolgend Ohara-Schule genannt, hat ihren Stamm- und Zentralsitz *(Iemoto-Kaikan)* auf einem Hügel im Stadtteil Mikaga der Hafenstadt Kôbe in Mitteljapan. Das sogenannte Ohara Zentrum befindet sich dagegen in Tokio im Stadtteil Aoyama. Mit Iemoto-Kaikan wird der Stammsitz eines Headmasters oder Präsidenten bezeichnet (Kaikan = Gebäude). Iemoto ist der Titel für Oberhaupt (einer Schule) oder den Meister einer Kunstrichtung oder Kunstbewegung. So wird von einem Iemoto-System der japanischen Künste gesprochen.
Vom Mikaga-Hügel im Stadtbezirk Higashinada-ku überblicken die Besucher der Ohara-Schule den Hafen von Kôbe, einen Teil der japanischen Inlandsee und bei klarem Wetter sogar die ferne Küste der Insel Shikoku. Kôbe ist eine der größten Städte des Landes mit dem bekannten internationalen Hafen am Fuße des Mount Rokko, der die Stadt überragt. Kôbe besitzt auch eine traditionsreiche deutsche Kolonie und eine der beiden deutschen Auslandsschulen neben anderen ausländischen Niederlassungen und Einrichtungen.
Das Iemoto-Kaikan wurde 1962 von dem bekannten Architekten Kiyoshi Seike entworfen. Seine architektonischen Vorstellungen verwoben sich mit denen des Headmasters Hôun Ohara, so daß ein außergewöhnliches Bauwerk entstand. Es hat einen Betonrahmen, in den schwere Natursteine eingefügt wurden, und eine interessante, künstlerisch

Der Ohara-Stammsitz in Kôbe

gestaltete Fassade. Die beiden Stockwerke des Gebäudes sind in den Hügel hineingebaut.
Im ersten Stock befindet sich das Studio von Professor Hôun Ohara, Hörsaal und Arbeitsraum zugleich, in dem die Ikebana-Schöpfungen des Meisters entstehen und gleichzeitig die Meisterschüler unterrichtet werden.
Das Studio enthält einige Besonderheiten, so einen in die Innenarchitektur eingefügten Eisenkran, der dazu dient, das schwere Material (Steine, Stämme u. a.) für Monumentalarrangements zu bewegen, die aus dem Erdgeschoß heraufgezogen werden. Die zweite Besonderheit dieses Raumes ist die große glockenförmige Keramik, die Hôun Ohara selbst entworfen hat und die als Kronleuchter dient.
Zwei Treppen führen in das Obergeschoß, eine davon ist als Spiraltreppe gestaltet, die aus dem gleichen Granit geschlagen wurde, der die Wände des Geschosses ausfüllt. Sie führt zum Dachgarten. Im zweiten Geschoß befinden sich die Schlafräume der Studenten, ein Speisesaal, die Privaträume des Headmasters sowie Büroräume.
Das Ohara-Museum schließlich birgt unter anderem eine sehenswerte Sammlung polynesischer Kunst, die als eine der besten dieser Art gilt.
Der Dachgarten ist mit einem Rasen bedeckt und mündet in einen japanischen Garten auf gleicher Ebene. Hier werden Kunstveranstaltungen durchgeführt, Teezeremonien und Workshops im Freien abgehalten. Das Iemoto-Kaikan ist zu einer Sehenswürdigkeit für Kunstkenner aus aller Welt geworden, da sich in ihm Ikebana, Kunst und Gartenkunst vereinen. Die besondere Liebe des Headmasters gehört den Blumen und der Gartenkunst. So entstand sein Hobby, die Sammlung tropischer Pflanzen, die er in seinem ›grünen Haus‹, dem Gewächshaus, züchtet und pflegt. Die Anlage enthält außerdem zwei Teehäuser, eines im Garten, das andere höher im Berg gelegen.
Zwischen dem Berg-Teehaus und dem Hauptgebäude liegt die Moribana-Erinnerungshalle. Sie ist den Begründern der Ohara-Bewegung gewidmet.

In Tokio liegt das Ohara-Zentrum in einer beliebten Einkaufsgegend für Mode und Kunst, dem Aoyama-Viertel, in der Nähe einer bekannten Privat-Universität *(Aoyama Daigaku)*, nicht weit vom Meiji-Schrein und den Olympiabauten des berühmten Architekten Kenzô Tange.
Der Neubau mit zehn Stockwerken und einer hellen Steinfassade entstand 1975 an der Stelle des alten Ohara-Headquarters. Der repräsentative Eingang führt in eine breite Halle mit Glasfronten zur Straße, so daß die Passanten die von Zeit zu Zeit aufgebauten Ausstellungs-Arrangements erblicken können.
Im ersten Stockwerk befinden sich Übungsräume verschiedener Größe, unter anderem auch eine Studienklasse für Ausländer oder Touristen, die von verschiedenen Ohara-Lehrern in englischer Sprache abgehalten wird und das Ziel vieler Reisegruppen ist, die hier einen ersten Eindruck vom Ohara-Ikebana gewinnen und an der praktischen Arbeit teilnehmen können. Auf der Empore des ersten Stockes befindet sich die Erinnerungsstätte für die ersten beiden Headmaster mit Bronzebüsten der Meister Unshin und Kôun Ohara. In den weiteren Stockwerken sind Büros, Übungs- und Prüfungsräume, die internationale Abteilung, die Werbe- und Publikationsabteilung, die unter anderem die drei Ohara-Zeitschriften herausgibt: ›The Ohara-Magazine‹ (seit 1982 unter dem Titel ›Ikebana-Ohara‹), die mehr der Ikebana-Praxis gewidmete Zwei-Monats-Schrift ›Kikyô‹ (Prachtglockenblume) mit einem gesonderten englischsprachigen Teil und als eine Art Hauszeitschrift das Monatsblatt ›Kuenohana‹ (was soviel wie ›Vielblättrige Blume‹ bedeutet).
Einkaufsläden, Geschäfte für Ikebana-Literatur und -Utensilien und Restaurants sind in den beiden Untergeschossen untergebracht. Diese für große japanische Geschäftshäuser üblichen Einrichtungen hat sich auch das Ohara-Zentrum Tokio geschaffen und bietet damit Besuchern und Schülern besondere Bequemlichkeiten an. So kann das Zentrum in Tokio als Mehrzweckgebäude für Schulung, Ausstellung,

Verwaltung, Einkauf und Unterhaltung angesehen werden, während der Stammsitz in Kôbe mehr das geistige Zentrum im Sinne eines Iemoto-Kaikan ist. Wer im Meisterseminar des Headmasters Hôun Ohara arbeiten will, sofern die Voraussetzungen dafür geschaffen sind, muß es im Studio in Kôbe tun.
In Planung und Diskussion befinden sich Überlegungen zum Aufbau eines dritten großen Ohara-Zentrums in Osaka.

Hildegard Wittig bei der Ikebana-Arbeit unter Leitung von Professor Hôun Ohara im Meisterstudio in Kôbe

Zur Geschichte der Ohara-Schule

Unshin Ohara ist der Begründer und erste Headmaster *(Iemoto-Sensei)* der Ohara-Bewegung und durch seine Kreation des Moribana – Blumenarrangement in einer flachen, von ihm entworfenen Schale – zum geistigen Vater des modernen Ikebana geworden. Unshin wurde am 19. Mai 1861 in einer Töpferfamilie (Familienname Takada) in Matsue, Shimane-ken, geboren und erhielt den Vornamen Fusagorô. Der künstlerisch begabte Junge nahm die Ausbildung in Osaka bei dem Bildhauer Karaku Oka auf, der ihm später den Künstlernamen Unshin gab (Un = Wolke, shin = Herz/Seele). Hôun Ohara schrieb über seinen Großvater Unshin, er sei sehr begabt gewesen und habe Meiji 29 (1896) seine Plastik ›Futai oshô‹ (Mönch mit einem Sack) in Kyoto ausgestellt. »Dieses Werk kaufte der japanische Kaiser. Danach wurde Unshin als Bildhauer sehr berühmt.« Die Ärzte rieten aber aus gesundheitlichen Gründen zur Aufgabe dieses Berufs, da er den damit verbundenen körperlichen Belastungen nicht mehr entsprechen konnte. Er wurde von der Familie Ohara adoptiert und nannte sich fortan Ohara Unshin (Ohara = o-klein, hara-Feld, also: Kleines Feld), gab seinen bisherigen Beruf des Bildhauers auf und wandte sich, »angeregt durch seine Interessen an den bildnerischen Formen von Vasen und seine frühere Ausbildung in der Ikenobô-Schule, der Blumenkunst zu«.
In der Meiji-Zeit (1868–1912) hatte sich Japan dem Ausland geöffnet und seine lange Isolation der Welt gegenüber aufgegeben. Technische Neuerungen, fremde Produkte, Erzeugnisse des Auslands und die Fremden selbst wurden aufge-

nommen und moderne Ideen kamen ins Land. So trafen auch bald Blumen und Pflanzen aus Europa und Amerika in Japan ein, die *yoka* genannt wurden. Den Japanern waren diese Blumen und Pflanzen zunächst weitgehend unbekannt, aber sie gefielen ihnen sehr, so daß nach und nach die Einfuhr stieg. Beim Export wurden die *yoka* aber so stark beschnitten und gekürzt – wahrscheinlich aus Kostengründen zur Reduzierung der Fracht und Verpackung –, daß dieses Material kaum noch für die üblichen Ikebana-Arrangements verwendet werden konnte, zudem oft nur die reinen Blüten auf den Markt kamen, für die es überhaupt keine Verwendung beim Ikebana gab.

Unshin Ohara, der Begründer der Ohara-Bewegung

So kam Unshin auf die Idee, ein neues Gefäß für seine Ikebana-Gestaltungen zu entwickeln. Nach mehreren Versuchen mit Bonsaigefäßen erfand er seine flache, tablettartige Moribana-Schale *(Suiben),* die er mit ausländischen Blumen auffüllen konnte. So entstand sein Moribana, was ›aufgehäufte Blumen‹ bedeutet.
Die erste Ausstellung des Moribana fand 1898 im Museum von Osaka statt und wurde ein Erfolg. Die von Unshin geschaffene neue Ikebana-Schale für das Moribana war ein äußerer Anlaß für die Geburtsstunde der Ohara-Bewegung. Während viele Ikebana-Schulen Ende des 19. Jahrhunderts die Natürlichkeit bei der Gestaltung ihrer Arrangements eingebüßt hatten und vor allem auf Form und Technik Wert legten, betonte Unshin die Farben der Blumen und fand sich nicht mit den damals beim Ikebana üblichen Blumen ab, sondern brachte den Farbenreichtum der europäischen Blumen in seine Kunst ein. So entwickelte sich das sogenannte Shikisai-Moribana oder *Shikisai Sôka* (Herausstellen der Farbe bei der Ikebana-Gestaltung). Diese Technik erhielt auch eine eigene Fachbezeichnung (Saishikisôka shajitsuhon-i).
Unshin Ohara ging bei seinem Ikebana zunächst von der Erforschung der Natur aus, die er sich erwanderte. So kam es zur Gründung der ›Forschungsgruppe für Außenstudien des Ikebana‹. In den Bergen von Takaratsuka fand er Bärlapp und Farne, die er in seinen Ikebana-Arrangements verwendete. Er studierte Sunanomono (Blumen im Sand) und Yodoike (Wasserpflanzen in einem Glasbehälter) mit dem Ziel, durch diese Vorbilder seine eigenen Gestaltungen stärker an die Natur heranzubringen.
Dies waren neue Perspektiven im Ikebana, die Unshin einleitete und künftig ausbauen konnte. Durch sein Schaffen kam es tatsächlich zu einer Erneuerung des Ikebana, das heißt, zur Erweiterung vom Punkt zur Fläche, von der Linie zum Raum, von abstrakten Begriffen zu einem natürlichen, konkreten Ausdruck. Seine Erfindung der Moribana-Schale und seine Studien der Blumen und Pflanzen in der Natur

führten zu einer neuen Technik, welche wilde Blumen und Pflanzen reproduzierte, indem diesen Arrangements ein Aspekt der Natürlichkeit verliehen und die Farben des Materials herausgestellt wurden.
So entstand das Landschaftsarrangement *(Shakei-sôka)*. Weder durch Zweige und Blumen allein noch durch Hinzufügung von wilden Bergblumen konnte das gelingen, was Unshin erstrebte. Nur in Verbindung mit Gräsern und Farnen konnte er den Eindruck einer Gebirgslandschaft erreichen. Unshin nahm die von ihm bei seinen Exkursionen im Schatten der Bergtäler entdeckten Schlingpflanzen

Unshin Ohara (links) bei einer Exkursion in den Bergen von Takarazuka

(Tsuta) und Bergfarne *(Yama-shita)* hinzu. Anfangs bezeichnete er seine Landschaftsarrangements als ›Shizen-sôka‹ (Shizen = Natur, Sôka = Blumenanordnung), doch wurde später allgemein die Bezeichnung Shakei-sôka vorgezogen.

Unshin hat auch in seiner Ausstellungspraxis neue und zukunftsträchtige Wege beschritten, indem er das Ikebana aus Privathäusern, Tempeln und Schreinen in die Öffentlichkeit holte. Es mag dem europäischen Leser ungewöhnlich erscheinen, aber in Japan haben die großen Kaufhäuser Aufgaben der Kulturpflege übernommen und fördern durch

Unshin Ohara: Moribana – Realistische Landschaft, etwa 1915 – in der typischen von ihm entwickelten Moribana-Schale

ihre Ausstellungen die Künste wie in Westeuropa die Galerien und Museen. Durch die von Unshin erstmals in Kaufhäusern veranstalteten Ikebana-Ausstellungen wurde sein Moribana und damit das Ikebana der Ohara-Richtung schnell einem breiten Publikum bekannt.
Auch die von Unshin erstmals praktizierten Exkursionen mit Ikebana-Schülern in die freie Natur wurden ausgebaut und von anderen Ikebana-Schulen übernommen. Die Verfasserin konnte an Ohara-Veranstaltungen dieser Art teilnehmen und hat mit ihrer Deutschen Kadô-Schule ähnliche Exkursionen durchgeführt.

Kôun Ohara, zweiter Headmaster der Ohara-Schule

Unshin Ohara hat mit dieser für seine Zeit neuartigen Form der Ikebana-Ausbildung moderne didaktische Prinzipien verwirklicht, nämlich das der ›Anschaulichkeit‹ und des ›forschenden Lernens‹ in seinen Unterricht eingebaut. Damit wurde der Begründer der Ohara-Bewegung nicht nur als Ikebana-Künstler, sondern auch als Volksbildner und pädagogischer Reformer zu einer in der Geschichte des Ikebana herausragenden Persönlichkeit.
Dem großen Künstler und Kunstpädagogen folgte ein Headmaster, der die Neuerungen Unshins in ein System brachte, um durch Regeln das zu bewahren, was Unshin künstlerisch entworfen hatte.

Kôun Ohara wurde 1880 in Matsue, Shimane-ken, geboren. In seinem Vornamen führt er das Un (Wolke) aus dem Namen seines Vaters und das Zeichen Ko (Licht). Nach seiner Schulzeit arbeitete er zuerst in einer Tuchhandlung und danach als Angestellter einer Bank. Als er fünfundzwanzig Jahre war, riet ihm der Direktor dieser Bank zum Studium der Blumenkunst. Kôun folgte diesem Rat und betrieb das Ikebana-Studium bei seinem Vater mit aller Energie. 1906 fand in Osaka eine Ikebana-Ausstellung statt, auf der sich Kôun nach nur dreijährigen Studien als Meister vorstellte.
Nach dem Tod seines Vaters Unshin 1917 übernahm Kôun die Leitung der Ohara-Schule, die zu dieser Zeit etwa dreitausend Schüler/Studenten zählte. Diese Zahl sank nach Unshins Tod. Obwohl die Ohara-Schule durch das Wirken von Unshin und vor allem durch die Entwicklung des Moribana bekanntgeworden war, mußte sie um ihre öffentliche Anerkennung ringen, denn das Ikebana wurde zu jener Zeit weitgehend nur von den höheren Ständen betrieben. Kôun wurde auch aus dieser Tatsache heraus zu besonderen Aktivitäten angespornt, die nicht nur zur weiteren Anerkennung der Ohara-Richtung, sondern zur Hebung der Schülerzahlen dienen sollte. So entstand sein berühmtes Motto ›Aus dem Zimmer in die Stadt‹, was besagte, daß

Ikebana nicht nur im Hause, strenggenommen in der Tokonoma, sondern vor allem in der Öffentlichkeit gezeigt werden sollte. Ikebana sollte nicht mehr nur das Eigentum von wenigen sein, sondern für alle Menschen zugänglich werden. Mit dem ›Aus dem Zimmer in die Stadt‹ hat Kôun die Demokratisierung des Ikebana eingeleitet und dieser Bewegung ihr Motto gegeben.
Vor allem die Ausstellungen in Kaufhäusern, heute in Japan eine Selbstverständlichkeit, mit großem Aufwand betrieben und nicht nur als Mittel der Werbung zu sehen, zogen viele Menschen an und machten sie mit dem Ikebana vertraut, was vordem nur bestimmten Kreisen vorbehalten blieb.

Kôun Ohara (oben Mitte) beim öffentlichen Klassenunterricht, 1922

Aber auch in anderer Weise konnte Kôun sein Organisationstalent unter Beweis stellen. Er löste den bis dahin üblichen privaten Einzelunterricht ab und führte einen Klassenunterricht ein, der allen zugänglich war. Das war eine pädagogische Maßnahme und Neuerung höchster Bedeutung, die Kôun nicht nur als Ikebana-Meister, sondern auch als Volksbildner großen Formats zeigte. Der neuartige Klassenunterricht war ein modernes Unterrichtsprinzip, das in seiner Zeit kein Beispiel hatte und Kôun Ohara zu verdanken ist. Es zwang ihn zugleich zu einer weiteren Neuerung: der Gestaltung ›von hinten nach vorn‹, denn die Schüler sollten beim Klassenunterricht von ihren Plätzen aus den Aufbau des Arrangements verfolgen können, was für den Meister bedeutete, seine Arbeit von hinten aufzustellen, da er nicht mit dem Rücken, sondern mit dem Blick zur Klasse arbeiten mußte. Bei dieser Methode konnten die Studenten den Aufbau des Ikebana aus ihrer Sicht sehen. Diese Form des Unterrichts nach dem pädagogischen Prinzip ›gleichzeitig lehren‹ – das heißt vor den Schülern unter Benutzung einer Wandtafelzeichnung und der Ikebana-Gestaltung ›von hinten‹ – waren neue Wege der Unterrichtsarbeit, die Kôun einführte und die heute allgemeingültig sind.
Aber auch inhaltlich und theoretisch vermochte Kôun neue Wege zu gehen. Er folgte dem Beispiel seines Vaters Unshin und suchte für seine Moribana möglichst das Material *(kaza'i)* in der Natur. Dabei bevorzugte er Blattpflanzen *(Kanyô-shokubutsu),* wie zum Beispiel Amarant *(Hageitô),* Petunie *(Petunia)* und andere, aber auch erstmals tropische Blumen und Pflanzen. Kôun entwickelte großes Interesse an der Aufzucht seines Ikebana-Materials und baute noch kurz vor seinem Tod ein Gewächshaus am Fuße des Mount Rokko in Kôbe, in dem er tropische Pflanzen zog. In einem Teich zog er seine Wasserpflanzen.
Für seine Arrangements verwendete Kôun besonders ausgewählte Gefäße aus anderen Ländern, vor allem aus China, dem seine Zuneigung galt, Majolika aus Spanien, Keramik aus Korea und andere. In der Ohara-Schule wurde das bis zur

Gegenwart durchgehalten, doch werden nur bei besonderen Anlässen, zum Beispiel für die Ausstellungen und bei Demonstrationen, solche wertvollen Gefäße benutzt, die meist Museumswert besitzen.
Die theoretische Leistung des Kôun bestand darin, daß er nach langen Versuchen eine Art Regelwerk für die Lehre in der Ohara-Schule schuf. Er legte unter anderem die Abmessungen für die Hauptzweige: A = Hauptzweig *(Shushi)*, B = Zweitlinie *(Fukushi)* und C = Nebenzweig *(Kyakushi)* sowie für die Füller fest. Während in Unshin der Künstler und Schöpfer des Moribana hervortrat, erscheint Kôun als Organisator, Theoretiker und erfindungsreicher Pädagoge der Ohara-Bewegung, der neue Wege des Unterrichts eröffnete und das Ikebana in das gesamtgesellschaftliche Leben einführte. Eine große Leistung von Kôun besteht darin, die Technik des Moribana verbessert zu haben. Sein Ikebana

Kôun Ohara: Landschaft am Fluß, etwa 1936

besaß einen frischen, modernen Geist; er vermied ideelle Gestaltungen, da er von den Pflanzen selbst lernen und eine neue Technik entwickeln wollte.
Sein Leitsatz ist auch heute noch aktuell: »Ikebana wird nicht mit dem Kopf, sondern mit dem Körper gestellt«, womit er seinen Praxisbezug realisierte. Das beweist seine Meisterschaft in der Blumenkunst. Bis zu seinem Tod im August 1938 konnte er das Fundament für die künftige Entwicklung des Ohara-Ikebana festigen und verbreitern.

Hôun Ohara wurde 1904 geboren. Der Vorname übernahm das Schriftzeichen Un (Wolke) aus dem Vornamen des Vaters und des Großvaters, dem Ho (reich) zugefügt wurde. Hôun ist demnach mit ›reiche Wolke‹ zu übersetzen.
Hôun Ohara hatte an der Osaka Prefectural School of Horticulture studiert und 1927 graduiert. Als er 1938 nach dem Tod des Vaters die Leitung der Ohara-Schule übernahm, begann sich das Ikebana grundlegend zu ändern und neue Einflüsse aufzunehmen. Der Zweite Weltkrieg brachte auch für das gesamte japanische Kulturleben Einschränkungen. Es gab zur Kriegszeit sogar eine nationalistische Bestrebung, die das Ikebana in den Dienst der Politik stellen wollte, was aber durch das Ende des Krieges bald vergessen war. Noch in den Trümmern der Nachkriegszeit begann Hôun das Suchen nach neuen Wegen. Zwar hatten schon 1930 fortschrittliche Ikebana-Meister eine Schrift veröffentlicht, in der neue Wege gewiesen wurden, aber ihr Beschreiten war praktisch erst nach 1945 möglich. Hôun erklärte im Juni 1948: »Kadô hat als Kunst schon in der Higashiyama-Zeit begonnen und ist bis jetzt weit verbreitet. Aber zugleich ist Kadô durch eine lange Tradition und durch feste Formen bestimmt worden, und nur die Technik hat sich weiterentwickelt. Dadurch ist der Wert von Kadô als Kunst geringer geworden. Einige Enthusiasten meinen, es sei schade, daß Kadô nur von geringem Wert sei, aber es gab eben keine neuartige Entwicklung. Das habe ich selbst als bedauerlich gefunden. Daher habe ich mich entschlos-

sen, das künstlerische Niveau der japanischen Blumenkunst zu heben und diese Entwicklung an die Öffentlichkeit zu tragen.«
Getreu der Aufgabe, die jedem Iemoto-Sensei gestellt ist, schuf Hôun sein ›avantgardistisches Ikebana‹ (Zenei-Ikebana), das neben Pflanzen, Blumen und Holz auch Metallteile, Draht, Glas und andere Materialien aufnimmt. Dabei führte Hôun das Wort Objekt in die Ikebana-Terminologie ein. Diese neue Entwicklung wurde durch die Einzelausstellung des Schaffens von Hôun Ohara eingeleitet, wobei sich Ohara an die Gedankenwelt der europäischen Surrealisten

Hôun Ohara, dritter Headmaster der Ohara-Schule, bei einer öffentlichen Ikebana-Demonstration in den frühen 60er Jahren

anlehnte. Hier wurden alle nur denkbaren Materialien (Objekte) mit Pflanzen und Blumen zu einer neuen künstlerischen Einheit verschmolzen. Die von Hôun eingeleitete Entwicklung wurde von den meisten Ikebana-Schulen übernommen, modifiziert und bis zur Gegenwart ausgebaut, so daß es kaum noch eine Ausstellung ohne Monumentalarrangements dieser modernen Stilrichtung gibt. Als besonderes Ereignis ist ein gemeinsames Ausstellungswerk von Hôun Ohara und Sôfu Teshigahara (Sôgetsu-Schule) zu sehen, aber auch die anderen großen Meister des Ikebana sind nicht selten in gemeinsamen Ausstellungen zu sehen, die alle Richtungen vereint.

Hôun Ohara entwickelte in der Folgezeit noch zwei weitere Stilrichtungen seiner Blumenkunst, das Rinpa in Anlehnung an die klassische Malschule von Kôrin Ogata (1658–1761) und das Bunjin nach poetisch-literarischen Vorbildern.

Durch diese künstlerischen Leistungen gelang es Hôun, die Blumenkunst aus der Ebene der ›Spielkunst‹ in die der reinen Kunst zu heben. Der europäische Leser wird diese Unterscheidung nur schwer nachvollziehen können. Mit ›Spielkunst‹ werden in Japan jene Arten der Kunst bezeichnet, in denen ein gewisser spielerischer Zug überwiegt, wie zum Beispiel japanische Musik, japanischer Tanz, japanischer Gesang, Teezeremonie, Blumenkunst und andere, die eine lange Tradition im japanischen Kulturleben besitzen. Der neue Anfang nach dem Zweiten Weltkrieg wies aber in die Richtung einer ›echten Kunst‹, was immer darunter zu verstehen ist. Die Trennung zwischen spielerischer oder unterhaltender und reiner Kunst wird heute nicht mehr streng durchgehalten. Hôun Ohara kommt das Verdienst zu, durch sein avantgardistisches Ikebana, durch Rinpa und Bunjin beispielhaft vorangegangen zu sein in vordem nicht erschlossene Bereiche der Blumenkunst, wenngleich die Großen der Ikebana-Welt anderer Richtungen wie Sôfu Teshigahara (Sôgetsu), Senei Ikenobô (Ikenobô), Hiroshi Teshigahara (Sôgetsu), Kazuhiro Kudo (Ohara) und viele andere die neuen Aspekte der künstlerischen Gestaltung aufgegriffen und in ihre Blumenkunst einbezogen haben. Ein seltenes Beispiel der Präsentation fast aller Richtungen bot der 4. Weltkongreß von Ikebana-International (I.I.) in Tokio im Sommer 1981.

Nach der Übernahme des Amtes als Headmaster entwickelte Hôun Ohara seine Schule zu einer der größten Ikebana-Ausbildungsstätten des Landes. Er schuf das Zentrum in Kôbe und das Headquarter in Tokio in ihrer derzeitigen modernen Gestalt. 1966 wurde das Ohara-Zentrum von New York gegründet, später das Zentrum in São Paulo. 1970 eröffnete Hôun das Ohara-Museum in Kôbe (Ohara Gallery

Hôun Ohara: Monumental-Arrangement in der gemeinsam mit dem Lackkünstler Setsuo Takahashi veranstalteten Ausstellung ›Blumen und Lackmalerei‹ in Tokio 1982

Internationales Ikebana-Meisterseminar 1981 in Tokio. Professor Hôun Ohara begutachtet ein Rinpa-Arrangement von Hildegard Wittig

of Art), in dem – einzigartig für ein Museum – fast sämtliche Exponate einen Bezug zum Ikebana aufweisen. Mit 150 Ohara-Zweigschulen im Land und fast 40 Vertretungen im Ausland zählt die Ohara-Schule unter ihrem vierten Headmaster gegenwärtig etwa 100 000 Lehrer aller Grade (Instruktoren, Meister, Professoren) und eine fast unübersehbare Zahl von Schülern/Studenten, Anhängern und Freunden aller Altersstufen und Nationen.
Eine Ikebana-Schule dieser Größenordnung ist zu einem nicht unerheblichen Faktor im kulturellen Leben Japans herangewachsen, und so konnte es nicht ausbleiben, daß auch die Regierung dieser Einrichtung Beachtung schenkte. So wurde Professor Hôun Ohara bereits 1958 von der

japanischen Regierung zur Teilnahme an der Internationalen Handelsmesse nach Brüssel delegiert, wo er seine Ikebana-Arrangements einem internationalen Publikum vorstellte. Einzelausstellungen in Rom (1961), Mexico City (1965), Rio de Janeiro, wo er als Vertreter der japanischen Regierung an der 400-Jahr-Feier der Stadt teilnahm, folgten. Als Künstler von Weltruf wurde Hôun schließlich in das Amt des Präsidenten der Japanischen Ikebana-Association gewählt und mehrfach im In- und Ausland ausgezeichnet. Die höchste Ehrung, die einem japanischen Ikebana-Meister zuteil geworden ist, erhielt Hôun Ohara 1981 aus der Hand des Tenno: den ›Orden der aufgehenden Sonne‹.

Natsuki Ohara wurde 1975 aus Anlaß des 80. Jahrestages der Schaffung des Moribana zum designierten vierten Headmaster *(Fukuiemoto)* der Ohara-Schule ernannt. Die Schriftzeichen seines Vornamens sind Natsu (Sommer) und ki (Baum), wobei auffällt, daß Natsuki nicht mehr das Zeichen Un im Vornamen führt wie die ersten drei Headmaster (Unshin, Kô-un, Hô-un).
Natsuki Ohara wurde 1949 in Kôbe geboren und studierte nach dem Schulbesuch an der Kônan-Universität in Osaka Wirtschaftswissenschaften. Bis zu seiner Graduierung ging er also einen anderen Weg als den des Ikebana-Meisters. Dieses Studium wird dem späteren Headmaster einer Privatakademie dieser Größenordnung sicher von Nutzen sein, da er nicht nur Künstler, sondern auch Manager dieses großen Betriebes mit zahlreichen Angestellten, wirtschaftlichen und finanziellen Transaktionen sein muß. Diese Voraussetzungen erfüllt der künftige Headmaster ebenso wie seine Schwester Miß Wakako Ohara, die wesentliche Leitungsfunktionen im Ohara-Management übernommen hat.
Den künstlerischen Weg von Professor Natsuki Ohara konnten die Verfasser seit Jahren eingehend verfolgen, wobei ein eigener Weg des jungen Meisters schon von seinen ersten öffentlichen Ausstellungen an erkannt wurde.

Natsuki Ohara, designierter vierter Headmaster der Ohara-Schule, bei der Gestaltung eines Ikebana-Arrangements. Im Hintergrund die Bronzebüste von Kôun Ohara

Unvergeßlich ist die große Ausstellung ›Space and Flower‹ im Oktober 1972, in der sich Natsuki als dreiundzwanzigjähriger Künstler mit kühnen Ideen präsentierte, die eine neue Richtung einzuleiten schienen, welche wir als ›abstraktes Ikebana‹ bezeichnen. Unter Ausnützung der modernen Räume des großen Kaufhauses an der Ginza in Tokio, auf verschiedenen Raumebenen und mit neuartigen Lichteffekten setzte Natsuki-Sensei mit seinen Mitarbeitern neue Akzente für das Ikebana, die bis zur Gegenwart durchgehalten werden.

Natsuki Ohara: Abstraktes Ikebana-Arrangement für die Ausstellung ›Ninin-ten‹ in Kumamoto 1979

Für einen designierten Headmaster einer großen Ikebana-Schule entstehen zahlreiche administrative und repräsentative Pflichten und Ämter, die es auszufüllen gilt. 1975 wurde er Leiter sämtlicher Schulfilialen in Übersee und bemühte sich in dieser Funktion um die internationale Verbreitung des Ohara-Ikebana. 1976 wurde Natsuki Ohara Vorsitzender des Vorstandes der Ohara-Stiftung und stellvertretender Leiter des Ohara-Instituts für Kunst. Im gleichen Jahr wurde er Mitglied des Vorstandes der Stiftung japanischer Ikebana-Kunst. Schon im Jahr 1972 war ihm die

Natsuki Ohara: Freie Form mit Orchideen

Aufgabe eines Leiters des Headquarters Tokio übertragen worden.
Neben diesen administrativen und repräsentativen Aufgaben hat Natsuki Ohara auf zahlreichen Auslandsreisen als moderner Ikebana-Meister internationale Anerkennung gefunden, so bereits 1972 und 1973 auf Reisen nach Italien, in die Schweiz, nach England und Südafrika. Dieses Auslandsreiseprogramm zur Einführung des Ohara-Ikebana in anderen Ländern wird bis zur Gegenwart durchgehalten. Neben all diesen Aktivitäten ist der junge Meister in seiner Tätigkeit als Lehrer zu würdigen. Die Verfasserin nimmt seit längerer Zeit an dieser Arbeit im NHK-Studio von Natsuki Ohara teil. Dabei erweist sich der junge Meister als stiller, pädagogisch versierter Lehrer, der seine Schüler für die Blumenkunst zu sensibilisieren versteht und in seinen Blumenweg, wie er ihn gehen wird, mit hineinnimmt. Bewundernswert ist bei dieser Arbeit die von Natsuki Ohara erreichte Synthese von Tradition und moderner Gestaltung.
Der Betrachter seiner Arrangements fühlt zwar die Schule des großen Vaters Hôun Ohara, dessen Liebe zur Natur und geniale Behandlung des Materials, was auf den Sohn übergegangen scheint, aber zugleich auch die eigene künstlerische Dimension, die Natsukis Weg zur eigenen Blumenkunst weist.
Das kommt nicht nur in seinen fast abstrakten Ikebana-Monumentalarrangements zum Ausdruck, wie u. a. im Herbst 1981 bei der Ausstellung der ›Hundert Meister‹ in Tokio, sondern auch in der Tagesarbeit, die das Foto anklingen läßt, das Natsuki Ohara vor der Büste des zweiten Headmasters Kôun Ohara zeigt (s. Seite 49).
Natsuki Ohara wird als künftiger vierter Headmaster der Ohara-Schule sein künstlerisches Talent und seine pädagogische Begabung zur weiteren Entwicklung der immer größer werdenden Ohara-Bewegung einsetzen und damit den künstlerischen und volksbildnerischen Weg seiner Vorgänger fortsetzen.

Ausbildung

Die Ikebana-Ausbildung wird von vielen Schülern ohne Absicht der Graduierung aufgenommen, rein als Ikebana-Unterricht im Sinne einer Freizeitbeschäftigung, aus der sich aber meist ein ›hartes Freizeitanliegen‹ entwickelt, das den Menschen bis zu seinem Lebensabend binden kann. Es ist in Zahlen nicht belegbar, wie viele der Ohara-Schüler diesen Weg beschreiten, der auch durch Diplome abgeschlossen werden kann. Diese Form der Ausbildung erfolgt oft bei einer Einzellehrerin oder in einem Ohara-Chapter im Lande.

Der andere Weg ist die vom Schüler planvoll betriebene Ausbildung mit dem Ziel der Graduierung, etwa zum Ike-

Ikebana-Unterricht in der Deutschen Schule Tokio unter Leitung von Hildegard Wittig

bana-Lehrer oder Ikebana-Meister. Der Ausbildungsgang nimmt etwa drei Jahre in Anspruch und enthält Ikebana-Praxis (Unterricht, Ausstellungen, Demonstrationen) und Ikebana-Theorie (Seminare, Exkursionen, Reisen u. a.). Charakteristisch ist dabei, daß beide Arten der Ausbildung, also mit oder ohne Graduierungsabsicht, gemeinsam absolviert werden. Nach dem Abschluß mit einer der höheren Prüfungen als Lehrer oder Meister wird dieser Absolvent ohnehin weiter in seiner Gruppe arbeiten und auf diesem Wege die Fortbildung betreiben, zu der er dann verpflichtet ist, wenn er seine Lehrbefähigung erhalten will.

In der 1978 in Tokio gegründeten Deutschen Kadô-Schule (German Kadô School/Deutsô Kadô kyôshitsu) werden beide Formen der Ausbildung angeboten, aber meist entscheiden sich die meisten der über 70 Schülerinnen für den Durchgang mit klar bestimmten Studienabschlüssen und Diplomen, die eine offizielle Bestätigung des Ranges sind und die Lehrbefähigung einschließen. Die Deutsche Kadô-Schule (DKS) hat einige Besonderheiten in ihrem Ausbildungsgang. So erhalten die Schüler auf jedem Level der Ausbildung sogenanntes ›didaktisches Material‹, Zeichnungen und Diagramme für jedes Arrangement, die zu den Unterrichtsstunden ausgegeben werden und es dem Schüler gestatten, sich selbst ein Lehrbuch für die spätere Unterrichtsarbeit zusammenzustellen. Ferner gehören Ikebana-Exkursionen in die Natur, Studienreisen, Seminarveranstaltungen, Ausstellungen und Demonstrationen, pädagogische Seminare (zur Einführung in die Lehrpraxis), Kunstausstellungen und sogenannte Öffentliche Ikebana-Prüfungen dazu, an der eine interessierte Öffentlichkeit teilnehmen kann, und ein in Vorbereitung befindliches Fernstudienprogramm mit ›schooling system‹. Diese Arbeit wurde u. a. von der Ohara-Schule sehr gewürdigt.

In der Deutschen Kadô-Schule wird nach dem Ohara-Lehrplan in deutscher und englischer Sprache unterrichtet.

Die Deutsche Kadô-Schule hat in der Deutschen Schule Tokio (anerkannte deutsche Auslandsschule, die bis zum

Ikebana-Klasse der Deutschen Kadô-Schule Tokio und Bad Zwischenahn bei der Vorbereitung einer Ikebana-Ausstellung in der Deutschen Schule Tokio 1982

Abitur führt) mehrfach ausgestellt und unter Leitung der Verfasserin eine Arbeitsgemeinschaft ›Ikebana AG‹ von 1979 bis 1982 durchgeführt. Hier wurde in einer außerunterrichtlichen Arbeitsgemeinschaft das Projekt einer Ausbildung zum Ohara-Ikebana-Lehrer eingerichtet. Erstmals zum Abitur 1982 wurden einige Teilnehmerinnen, unter anderem zwei Japanerinnen aus der Oberstufe des Gymnasiums, mit den Diplomen Assistent-Lehrer, Lehrer und Ikebana-Meister ausgezeichnet. Dieser quasi berufsbezogene Ausbildungsgang zum Ikebana-Lehrer-Diplom neben dem Schulunterricht ist der erste Versuch dieser Art an einer deutschen Auslandsschule.

In jedem Falle soll dieses Projekt des Ikebana-Unterrichts mit berufsbezogenem Ausbildungsziel an einem Gymnasium in der Bundesrepublik wiederholt werden. Bereits 1970 wurden Versuche zum ›Ikebana im Unterricht der allgemeinbildenden Schulen‹ in Verbindung mit dem Lehrstuhl für Pädagogik und dem Hochschulinternen Fernsehen (HIFO) der Universität Oldenburg unternommen.

Lehrplan

Mit Wirkung vom 1. Januar 1982 hat die Ohara-Schule einen neuen Lehrplan (Curriculum abroad) festgelegt, der alle Ohara-Einrichtungen und Lehrer im Ausland bindet. Er legt zugleich die jeweilige Qualifikation und die Stundenzahl für die einzelnen Studienabschnitte wie folgt fest:

1. Anfängerkurs (18 Stunden = 18 units). Lehrziel ist die Vermittlung der vier kleinen Formen A, B, C und D. Der Lehrplan fordert grundlegenden Unterricht und Praxis der kleinen Formen im vorgeschriebenen halbrunden Behälter in vorgeschriebener Abmessung 24 cm Durchmesser und

›Öffentliche Ikebana-Prüfung‹ der Deutschen Kadô-Schule in der Volkshochschule Leer/Ostfr. 1977

8 cm Höhe. Der Anfängerkurs wird durch eine praktische Prüfung abgeschlossen, die zur Verleihung des Grades *Shotôka* (Anfänger; Beginner) führt.

2. Fortgeschrittenenkurs (36 Stunden = 36 units). Lehrziel sind die aufrechte, geneigte, himmelstrebende und symmetrische Form des Moribana. Der Lehrplan schreibt Unterrichtspraxis in diesen Moribana-Formen vor und Wiederholung der bereits gelernten Formen. Nach der Prüfung kann die Verleihung des Grades *Honka* (Fortgeschrittener; Advanced) erfolgen.

3. Erster Kurs Assistent-Lehrer (36 Stunden = 36 units). Lehrziel sind die geneigte und aufrechte Heika-Form. Der Lehrplan schreibt Unterrichtspraxis in diesen Formen vor

und Wiederholungen der bisherigen Formen einschließlich des Studiums traditioneller Methoden des Farbschemen-Arrangements. Nach der Prüfung kann der Grad *Shihanka I* (Ass. Teacher First Term Course) verliehen werden.
4. Zweiter Kurs Assistent-Lehrer (36 Stunden = 36 units). Lehrziel sind die Wasserfallform und die Einreihenform des Moribana, die Wiederholung aller anderen Formen und neben der traditionellen Methode der Farbschemen die Methode der realistischen Arrangements. Nach der Prüfung kann der Grad *Shihanka II* (Ass. Teacher Second Term Course) verliehen werden.
5. Lehrer-Kurs (40 Stunden = 40 units). Lehrziel ist die Wiederholung aller bisher erlernten Formen, die Wasserfallform, die himmelstrebende und symmetrische Form des Heika, eine Einführung in die Unterrichtsarbeit und in das Ohara-Lehrprogramm. Nach der Lehrerprüfung kann der Grad des *Junkyôyu* (Instructor) verliehen werden, der Voraussetzung zum Eintritt in den Meisterkurs ist.

An diese Ausbildung zum Ikebana-Lehrer der Ohara-Schule kann der Absolvent ein weiterführendes Studium im Meisterkurs beginnen, jedoch bereits selbständig Ikebana-Unterricht erteilen, der meist im Rahmen der Schule erfolgt, an der er ausgebildet wurde. Im Grunde genommen ist hier die kritische Stelle der Ausbildung, da kaum ein Absolvent mit dem Instructorgrad so viel Lehrerfahrung besitzt, daß er unterrichten kann. Es ist daher sinnvoll, zunächst in den Meisterkurs einzutreten und mit der eigenen Lehrtätigkeit erst allmählich zu beginnen.
Während man die Graduierung eines Meisters 4. Grades nach 50 Stunden und die eines Meisters 3. Grades nach weiteren 50 Stunden erlangen kann, erfolgen die Ernennungen zum Meister 2. und 1. Grades auf persönlichen Vorschlag des Headmasters. Sie setzen eine mehrjährige Praxis als Lehrer, erfolgreiche Teilnahme an großen Ausstellungen und Meisterseminaren und eine längere, schwierige theoretische und praktische Prüfung voraus.

Theorie und Methoden

Das Dreierprinzip: Himmel – Erde – Mensch

Bereits in seiner Urform, beim buddhistischen Blumenopfer *(Kuge),* wird der Ansatz einer Theorie des Blumenweges deutlich, da die Blumen hierbei nicht absichtslos geordnet werden. Das Prinzip der Trinität wurde schon von chinesischen Weisen in ihre Blumengestaltungen einbezogen. Sie meditierten über das Dreieck in ihren Arrangements und erklärten, darin sei das gesamte All enthalten, »Herz und Ursprung aller Dinge. Etwas später drückten die Blumenmeister konfuzianischer Tradition das gleiche aus, zwängten es jedoch, konfuzianischem Denken entsprechend, in ein Schema, indem sie sagten: ›Eine Linie ist symbolisch, zwei Linien sind harmonisch, drei Linien jedoch bedeuten Erfüllung.‹«

Heute ist das sogenannte Dreierprinzip bereits allgemein bekannt. Es erinnert den Menschen an die Vergänglichkeit der Existenz und stellt ihn in Beziehung zur Natur, da er sein Arrangement mit den vergänglichen Materialien aus der Natur gestaltet, weist ihn aber auch in den Raum der Transzendenz durch die Hauptlinie (Subjekt). Zwischen Erde und Himmel findet der Mensch also den ihm zugewiesenen Platz in der kosmischen Ordnung, was ihm das Dreierprinzip systematisch vermittelt.

Der große Ikebana-Meister Senkei Ikenobô, der im 3. Jahr der Kansei-Zeit (1462) auf Anordnung von Ryoshu Kuraichi ein Blumenarrangement in einer goldenen Flasche gestaltete, reduzierte die Zahl der strukturbildenden Zweige seiner Blumenkunstwerke von den damals üblichen sieben auf drei. So entstand das Dreierprinzip, die elegante Schlichtheit des *Kakubana,* welche die Basis der Blumenkunst bis zur Gegenwart bildet.
Die Bezeichnungen für die drei Hauptzweige oder -blumen werden nicht von allen Ikebana-Schulen einheitlich durchgehalten. Sie ähneln sich jedoch weitgehend. Wir führen nachstehend nur die Bezeichnungen auf, die von den drei führenden Schulen Ikenobô, Ohara und Sôgetsu verwendet werden. Aber auch die anderen Ikebana-Schulen benutzen die von uns eingesetzten Symbole für Himmel/Subjekt Ⓐ Mensch/Zweitlinie △B und Erde/Objekt 🄲 und für Füller/Nebenlinie 🄵 .
Unabhängig vom Dreierprinzip haben alle Schulen ihre eigenen Theorieentwürfe und eine Art Systematik, die mehr oder stärker ausgeprägt ist. Die traditionsreiche Soami-Schule zum Beispiel besitzt ein charakteristisches theoretisches Fundament, das Headmaster Soshoen Yasukuni Yokochi in seinen gekonnten Handzeichnungen vorstellt. So demonstrierte er das Dreierprinzip und andere theoretische Grundlagen seines Ikebana-Werkes an Hand seiner selbst gezeichneten Systementwürfe, in denen er eine Skizze seines Arrangements und zugleich ein theoretisches Konzept

(dünne Linien in der Abbildung) vorlegt. Der Meister schenkte den Verfassern eine Originalzeichnung dieser Art im Großformat, die sich im Archiv der Deutschen Kadô-Schule befindet.

Original-Handskizze und Systementwurf von Headmaster Soshoen Yasukuni Yokochi, Soami-School, Tokio 1981

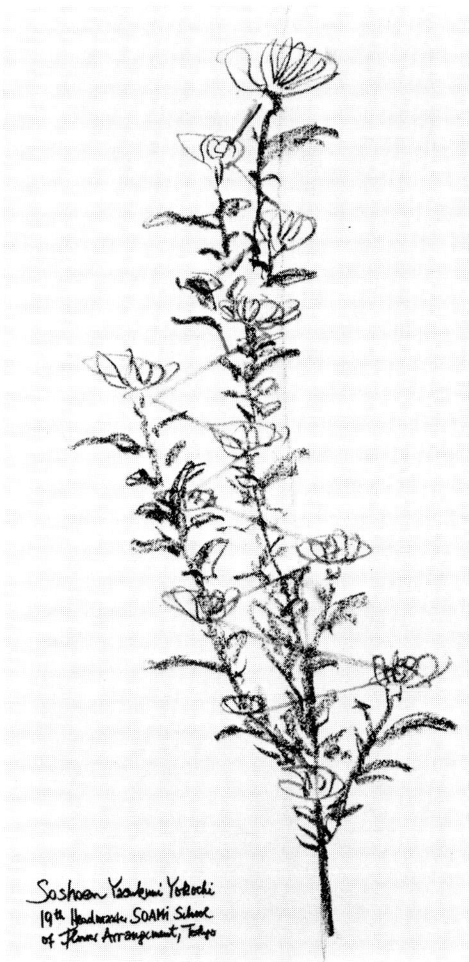

Blumen und Pflanzen

Blumen und Pflanzen sind in der japanischen Kunst seit jeher gewürdigt und in alle möglichen künstlerischen Gestaltungen einbezogen worden, ob als eingelassene silberne Blüte in einen eisernen Teekessel oder als Motiv in einem Farbholzschnitt. Die japanischen Künstler aller Zeiten und Kunstformen waren von der Natur stets beeindruckt und haben diese auch in ihr Werk aufgenommen. Um eines der zahlreichen Beispiele aus der Literatur zu nennen, sei an den modernen Roman ›Die Eiswand‹ von Yasushi Inoue erinnert. Inoue beschreibt fast nebenbei die Bergflora der Shinshû-Alpen, so daß der Leser den Wunsch verspürt, diese seltenen Blumen und Pflanzen am Kamikochi aufzusuchen und in ihrer natürlichen Umgebung zu betrachten.

Auch beim Farbholzschnitt sind Blumen und Pflanzen fast wie Mitwirkende eingesetzt und haben nicht nur dekorative Funktionen. Unsere Wiedergabe eines Farbholzschnittes belegt das nur zu deutlich (s. Seite 63).

›Ikebana geijitsu‹ – Ikebana-Kunst –, eines der großen Ikebana-Werke der Gegenwart, stellt in zwölf großformatigen Bänden jeweils eine Pflanze in den Mittelpunkt eines Bandes: Kiefer *(Matsu)*, Pflaume *(Ume)*, Kamelie *(Tsubaki)*, Kirsche *(Sakura)*, Pfirsich *(Momo)*, Bambus *(Take)*, Iris *(Hanashobu)*, Eiche *(Kashi)*, Narzisse *(Suisen)*, Chrysantheme *(Kiku)*, Ahorn *(Kaide)* und Weide *(Yanagi)*.

Diese Pflanzen stehen auch im Mittelpunkt der Ikebana-Arrangements und werden durch zahlreiche andere Blumen und Pflanzen ergänzt.

›Ikebana geijitsu‹ widmet seinen ersten Band ausschließlich der Kiefer. Dieser Baum steht im Zentrum zahlreicher Arbeits- und Textbücher der Ikebana-Literatur, er wird entweder als weich oder hart symbolisiert. So findet sich die Einteilung in Männer-Kiefer (schwarz) oder Frauen-Kiefer (rot). Bei der Hochzeitszeremonie

Farbholzschnitt von Utamaro Kitagawa (1753–1806): Geisha Matsubaya Segawa bei der Vorbereitung eines Ikebana-Arrangements mit ihrer Dienerin

wird wegen ihrer Eleganz die rote Kiefer verwendet. Beim Rikka-Arrangement der Ikenobô-Richtung erscheint die Kiefer fast wie ein Ideal: Wie hier für die Kiefer lassen sich für viele japanische Blumen und Pflanzen Vergleiche dieser Art finden.

Besonders einprägsam ist die Regel über die Blumen der vier Jahreszeiten: Die Blume des Frühlings ist in China und Japan die Päonie, das Symbol der Reinheit, des jungen Lebens und des Reichtums. Für den Sommer wird der Lotos, für den Herbst die Chrysantheme als Sinnbild treuer Freundschaft verwendet. Prunus ist für den Winter ein Symbol der Schönheit.

Hiroshi Matsubara gab im Auftrag der Ohara-Kulturabteilung ein reichbebildertes Werk heraus, das die Blume in der japanischen Kultur beschreibt und Blumendarstellungen in allen nur denkbaren Kunstformen (Farbholzschnitt, Wandschirm, Rollbilder u. a.) nachweist. Der Betrachter dieser Abbildungen wird erstaunt sein über die Widerspiegelung der Natur und Blumenwelt in den japanischen Künsten. Wir nehmen hier nur ein Beispiel heraus, den Farbholzschnitt von Utamaro Kitagawa (1753–1806), der zwei japanische Damen beim Ikebana zeigt. Utamaro hat die Geisha Matsubaya Segawa bei der Befeuchtung ihrer Blumen dargestellt, als sie mit dem Wasserschöpfer *(Hishaku)* umgeht. Im Hintergrund ist die Dienerin mit einem Ikebana-Gefäß aus Bambus zu sehen. Der Name der Geisha ist oben in der Bildmitte angegeben, rechts im Bild die Künstlersignatur, unten der Stempel.

Besonderes Gewicht legen die Japaner auf die Darstellung der Jahreszeiten in ihrem Ikebana-Arrangement. Wir können hier nicht auf den gesamten Rhythmus der Jahreszeiten eingehen und alle Pflanzen und Blumen entsprechend einordnen, sondern wollen die Herbstblumen herausgreifen. In der ältesten Sammlung japanischer Gedichte, dem ›Manyoshu‹ aus dem 7. Jahrhundert, sind viele Naturbeschreibungen zu finden. So werden in dem Poem ›Sieben Herbst-Blumen‹ genannt: Buschklee *(Hagishibori)*, Pampasgras *(Suzuki)*, Patrinia scabiosaefolia *(Ominaeshi)*, Pfeilkraut *(Kuzu)*, Bartnelke *(Nadeshiko)*, Kunigundenkraut *(Eupatorium)*, Morgenblüte *(Asagao)*. Insgesamt charakterisieren diese Blumen das melancholische Gefühl des Herbstes, wie es die Japaner empfinden.

Der Herbst wird in Japan als Jahreszeit der Freude verstanden. Der unerträglich heiße Sommer ist vorüber, der Herbst mit kühlen Tagen und herrlichen Farben naht. Er ist aber zugleich auch die Jahreszeit der Gefahren: Taifune überqueren das Land und zerstören Häuser wie Reisfelder. Aber die Herbstblumen wachsen auf den Feldern und vermitteln ein Gefühl, das stärker ist, als es von kultivierten Pflanzen ausgehen kann.

Beim Ikebana verwenden wir auch die Begriffe ›früher Herbst‹ *(Shoshu)*, ›mittlerer Herbst‹ *(Chushu)* und ›später Herbst‹ *(Banshu)*. Die Färbung der Laubbäume, das Konzert der Insekten, das gelbe Blatt des Gingkobaumes – alles stimmt in das Gefühl des Herbstes ein und wirkt auf das

Ikebana zurück, das im Herbst durch die besondere Fülle an Blumen und Pflanzen bereichert wird.
Blumen und Pflanzen, wie sie uns die japanische Blumenkunst vermittelt, stellen einen unmittelbaren Zugang zur Natur dar. Sie sind der erste Pol, der durch Naturstudien erschlossen werden muß. Die Gestaltung eines Arrangements wäre der zweite Pol, das heißt, die gestaltende Kunst des Menschen. Der Glaube an die Natur, wie sie Shintô vermittelt, spielt in Japan eine unvergleichliche bedeutungsvolle Rolle im gesamten Leben. In einer der Chroniken Japans aus alter Zeit heißt es: »Jede Pflanze vermag sich selbst auszudrücken«, was als Motto für die Blumenkunst überhaupt gelten könnte.

Gefäße und Gerätschaften

Der Leser wird sich bei der Betrachtung von Ikebana-Fotos oder beim Besuch von Ausstellungen fragen, was er mehr bewundern soll: die künstlerische Gestaltung des Blumenarrangements, die Blumen und Pflanzen selbst oder die wertvollen Ikebana-Gefäße, die in nicht wenigen Fällen Museumsstücke oder von Künstlern gefertigte Unikate sind.
Damit wird ein Thema angesprochen, das eigentlich Stoff für ein ganzes Buch enthält. Wir haben aber bewußt – von Einzelfällen abgesehen – in diesem Buch nur Schulgefäße verwendet, wie sie in jeder einschlägigen Handlung zu erschwinglichen Preisen

erstanden werden können. Aber auch diese Schulgefäße bieten in Farbe, Gestaltung, Material eine nicht geringe Variationsbreite.

Wir stellen an den Anfang die Regel, daß Ikebana-Arrangement *(Hanagata)* und Ikebana-Gefäß *(Kaki)* eine Einheit bilden sollten, wo immer das möglich ist. Das Gefühl dafür wird sich im Verlauf der Ikebana-Arbeit herausbilden, und damit wächst dann auch der Wunsch nach wertvolleren

Antike Ikebana-Behälter in Form von Booten

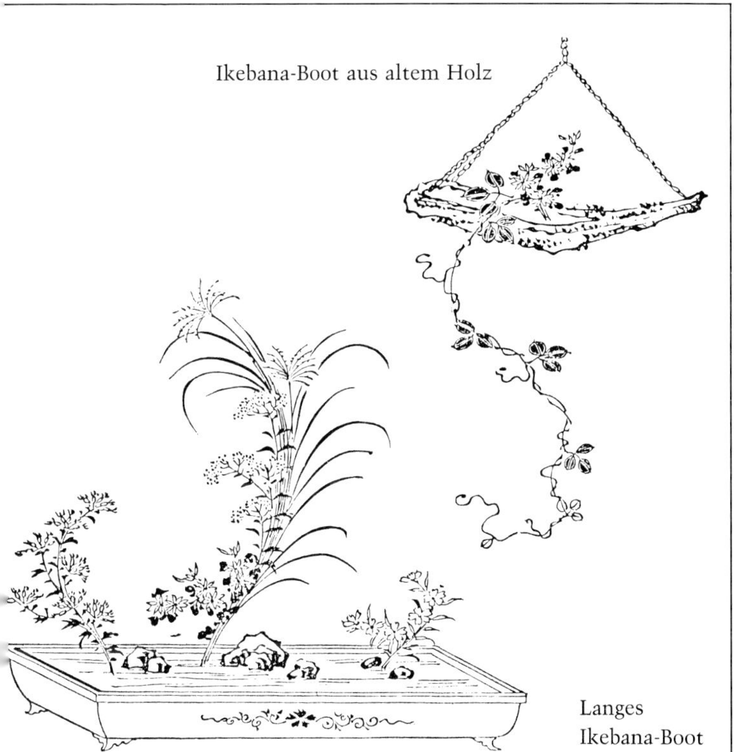

Heika-Schulvase

Shippo

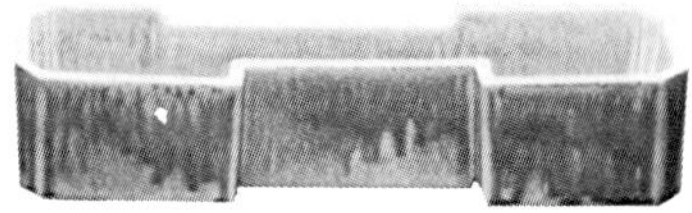

Schulbehälter für Einreihenform

Moribana-Schulschale

Ikebana-Behälter und -Zubehör

Gefäßen. Aus einem älteren Werk der Ikebana-Literatur zeigen wir verschiedene antike Behälter in Form von Booten, die als Unikate nur über den Antiquitätenhandel zu finden sind und erstaunliche Preise erzielen. In den Familien werden solche Kostbarkeiten von einer auf die andere Generation vererbt.

Wir unterscheiden die für jedes Ikebana-Arrangement erforderlichen Behälter (Gefäße, Vasen, Schalen) und das sogenannte Ikebana-Zubehör (Kenzan, Shippo, Schere, Unterstelltischchen etc.).

Die Blumenhalter sind in der Regel Kenzan oder Shippo, wobei Kenzan am meisten verwendet werden. Kenzan, das Wort setzt sich zusammen aus *Ken* = Säbel und *zan* = Berg, gibt es in verschiedenen Abmessungen, rund, quadratisch, rechteckig, in Form von ›Sonne-Mond‹. Für die kleinen Formen empfiehlt sich ein Kenzan, der genau in die halbrunde Schale für diese Form paßt.

Ein handliches Gerät zum Aufrichten verbogener Kenzan-Stifte ist zu empfehlen.

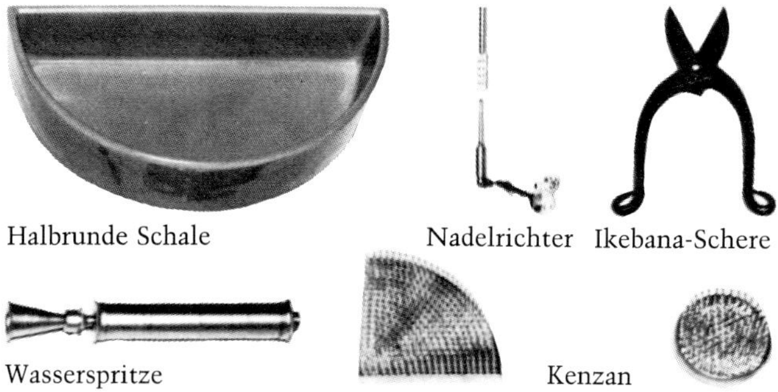

Halbrunde Schale Nadelrichter Ikebana-Schere

Wasserspritze Kenzan

Shippo-Blumenhalter sind aus Blei und in verschiedenen Größen erhältlich. Sie werden nur von Fortgeschrittenen benutzt. Ikebana-Scheren gibt es in verschiedenen Formen. In der Ohara-Schule wurde eine besondere Schere entwickelt, die *warabi-te* genannt wird. Scheren mit großen Ohrgriffen sind zum Beschneiden dicker Zweige bestimmt, aber für die übliche Ikebana-Arbeit eignet sich vor allem die Ohara-Schere. Ein elegant geformtes Modell in spezieller Leichtmetall-Legierung mit dem Signum eines Meisters der Schmiedekunst wird für besondere Anlässe angeboten. Vielfältige Behälter sind auf dem Markt, die so sehr in Form und Farbe, in Qualität und künstlerischer Gestaltung differieren, daß wir hier auf Beschreibungen verzichten. Für Landschafts-Anordnungen werden größere, flache Behälter benutzt. Bunjin und Rinpa wiederum verlangen Spezialbehälter: flache, längliche für Rinpa und vasenartige Behälter chinesischen Ursprungs oder Neuschöpfungen dieser Art für Bunjin.

Ikebana im Haus

Das japanische Haus wird vom Bauprinzip des leeren Raumes bestimmt. Daher benötigt dieser Raum fast kein Mobiliar und kann durch seine Flexibilität verschiedenen Bedürfnissen angepaßt werden. Japaner sitzen am liebsten auf Tatamimatten. Sie bestehen aus gepreßtem Reisstroh mit einer darüber gespannten Binsenmatte und haben ein Standardmaß (90 × 180 cm), so daß die Größe eines Hauses oder einer Wohnung nach Matten bestimmt werden kann.

Dame bei der Vorbereitung des Ikebana vor der Tokonoma

Die *Tokonoma* ist im japanischen Wohnraum traditioneller Art eine Bildnische zur Aufstellung des Ikebana-Arrangements vor einem Kunstwerk, zum Beispiel einem Rollbild *(Kakemono).* Die Tokonoma ist ein Teil des Raumes, in welchem der Gastgeber seinem Gast gegenüber das Persönlichste zum Ausdruck bringen kann. Malen, Dichten, Bauen bilden zusammen mit der Kunst des Blumenstellens und der Kunst des Teetrinkens eine formale und inhaltliche Einheit. Die Tokonoma ist die einzige Möglichkeit für eine persönliche Note im Zimmer. Der Raum gewinnt

Ikebana mit Winterblumen vor einem Rollbild in der Tokonoma

durch sie einen festen geistigen und künstlerischen Schwerpunkt. Darum ist sie auch etwas erhöht und darf wie ein erhabener Ort nicht betreten werden. Vor ihr erhält der Gast seinen Ehrenplatz.
Nicht jeder Raum besitzt eine Tokonoma. Sie verlangt gute Keramik, oft sind es kostbare Vasen und Rollbilder. Sie befindet sich daher meist nur in dem größten Raum des Hauses mit mindestens sechs Matten oder in kleineren Teeräumen und Teehäusern mit viereinhalb oder drei Matten. Im vornehmen Haus oder in den Bürgerhäusern gibt es neben der Tokonoma noch Nischen für Wandbretter, auf denen Bücher oder kleine Kunst- und Gebrauchsgegenstände ausgestellt sind. Eine solche Wandbrettnische heißt *Tana*. Sie besteht aus übereinanderliegenden Schäften. Die Mattenfläche im Raum selbst ist leer.

Ikebana im Teehaus

Etwa im 15. Jahrhundert entstand in Kyoto unter dem Einfluß des Zen-Buddhismus der Teeritus. Die Hinwendung des Zen zum Ästhetischen fand in verschiedenen japanischen Künsten ihren Ausdruck, wie etwa »in der Kunst des Blumenstellens oder des Bogenschießens, sodann in jener ästhetischen Form der Geselligkeit, die wir Teezeremonie nennen, die aber eigentlich ›Weg *(Tao)* des Tees‹ *(Cha-do)* heißt«.
Bei der Teezeremonie wird der zu Pulver zerriebene grüne Tee mit heißem Wasser angerührt und dargeboten. Bei diesem Vor-

gang wirken verschiedene Elemente der japanischen Kultur zusammen: künstlerisch gestaltete Keramikgefäße, schmiedeeiserne Kessel und Geräte, die besondere Innenarchitektur des Raumes oder Teehauses in ihrer schmucklosen Eleganz, das Mitwirken von Kunstwerken – zum Beispiel das Rollbild in der Tokonoma – und ein Blumenarrangement besonderer Art, das *Chabana,* ein eigens für die Teezeremonie entwickeltes schlichtes Ikebana, das oft nur aus einer Blüte oder einem Zweig besteht. Helmut Erlinghagen schreibt in seiner japanischen Landeskunde: »Ehrfurcht und Bescheidenheit flößt der Eintritt durch die niedrige Tür ein. Der Geruch von Weihrauch, der Siedeton des Wassers, der Anblick ehrwürdiger Schalen und das kostbare Getränk nehmen alle Sinne gefangen. Mit ihnen reinigt sich zugleich das Bewußtsein. Das *Wabi* im Teetrinken heißt Bescheidenheit. In der Auswahl der Hölzer und Belage, ihren Naturfarben und der Asymmetrie ihrer Anordnung offenbart sich Reife und eine verhaltene Geistigkeit.«

Auf diese Weise ergänzt sich Ikebana mit den anderen Kunstformen und bildet mit diesen zusammen eine Einheit, die für den Teeweg charakteristisch ist.

So sind wir bei unserem Gang durch die Ikebana-Welt wieder bei den einfachsten Dingen angelangt, die der Blumenweg zu bieten hat, damit jedoch beim Schönsten; denn das Chabana muß in einer Blume, in einem Zweig, in einer Blüte oder in einer schlichten Blumenkombination die ganze

Natur darbieten. Um es in einem Gedanken von Fujiwara Ietaka (1158–1237) auszudrücken, den der große Meister des Chabana, Sen Rikyu (1522–1591) zitierte, als er seinen Schülern ein Verständnis des Wabi vermitteln wollte: »Jemandem, der nur darauf wartet, daß die Blüten zu blühen beginnen, soll man das Frühlingsgras zeigen, das im Schnee eines Bauernhauses steht.«

TEIL II OHARA-PRAXIS

Moribana

Wir wenden uns nun der Ikebana-Praxis in exemplarischer Darstellung zu und folgen damit weitgehend dem Ohara-Lehrplan bis auf Ausnahmen, die von der Deutschen Kadô-Schule praktiziert werden. Wir gehen im Sinne eines Lehrbuchs vor und bieten die nachstehenden Kapitel als ›Lektionen‹ an, wie sie z. B. auch beim Fernstudium verwendet werden können. Der Leser wird also Schritt für Schritt in die Praxis eingeführt.

Leser, die das Lehrbuch als Lehrgang für ein Fernstudium benutzen wollen, wenden sich direkt an die Deutsche Kadô-Schule (Postfach, 2903 Bad Zwischenahn). Das Fernstudium kann jedoch nur in Verbindung mit einem ›Schooling system‹ betrieben werden. Bei diesem Ikebana-Schooling-System werden die Teilnehmer in bestimmten Abschnitten ihres Studiums durch Direktunterricht weitergebildet, was in Bad Zwischenahn in Form eines Seminars oder Workshops geschieht.

Die Geschichte des Ohara-Ikebana ist, wie wir bereits wissen, der Entwicklung des Moribana verbunden. Unshin Ohara schuf eine flache Moribana-Schale und nannte sein Ikebana ›Moribana‹, d. h. ›aufgehäufte Blumen‹. Die Ikebana-Welt verdankt der Ohara-Bewegung dieses Moribana und die flache Blumenschale. Das um die Jahrhundertwende entstandene Ikebana-Arrangement des Moribana brachte Raum und Tiefe. Die flache Schale erlaubt uns die Gestaltung ganzer Landschaften. Moribana ist eine Form, die sich schnell in der Welt verbreitet hat.

Für das Moribana-Ikebana in flachen Schalen benötigen wir zur Befestigung der Blumen und Zweige den Kenzan (Blumenhalter) bzw. Shippo.
Wir beginnen mit der Lektion über die kleine Form A. Es folgen die anderen kleinen Formen B, C und D, anschließend die sechs Grundformen des Moribana, wobei jede eine Form für sich darstellt.
Zunächst lernen wir die Grundregeln der Formen, d. h. die Längen und Winkel der Hauptzweige. Wir gehen dabei Schritt für Schritt voran und folgen dem Grundsatz, daß zum Ikebana vor allem Praxis erforderlich ist.

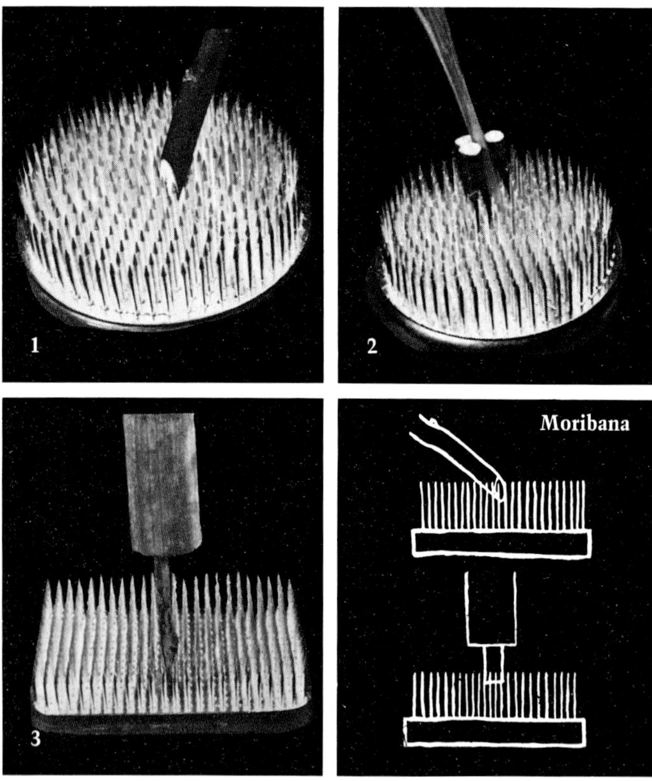

Wichtig ist das Erkennen der Linien unserer Zweige. Wir lernen auf diese Weise das Charakteristische des Pflanzenmaterials kennen. Danach kommt die Überlegung, was abgeschnitten werden kann oder muß und was unbedingt stehen bleiben sollte. Oft bleibt nur eine Blüte stehen. Das ist sicher eine der großen Schwierigkeiten für den Anfänger, dem nur geraten werden kann, seine Augen in der Natur und für die Natur zu schulen und zu bilden.
Das Moribana hat sich bis zur Gegenwart als der wohl bedeutendste Stil der Ikebana-Welt entwickelt, dem wir uns nun zuwenden wollen.

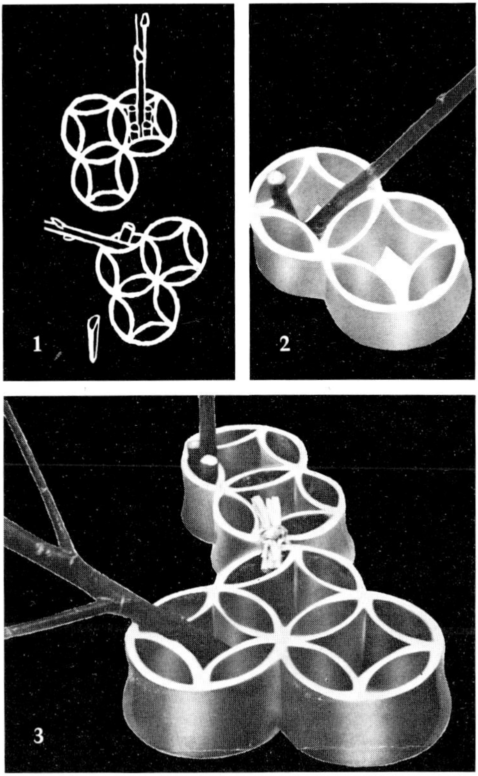

Links: Befestigungen im Kenza
1 Schräg angeschnittenes Ende eines Zweiges erleichtert die Haltung
2 Eingefügte kurze Teile eines Zweiges stützen Pflanzen sicher ab, die zu dünn sind, um in den Nadeln des Kenzan einen Halt zu finden
3 Bei zu starken Zweigen kann ein Stützzweig in das untere Ende eingebaut werden, der als Halterung für den starken Zweig dient

Rechts: Befestigungen im Shippo

Moribana: Kleine Formen

Die sogenannten kleinen Formen des Moribana folgen einfachen Regeln und sind für Anfänger der beste Einstieg in die praktische Ikebana-Arbeit. Professor Hôun Ohara hat die kleinen Formen 1973 entwickelt und den begrenzten Raumverhältnissen der modernen Apartmenthäuser angepaßt. Wie bereits bekannt, wird beim Ikebana in der Regel von drei Blumen oder Zweigen ausgegangen, die nach dem Dreierprinzip (A = Himmel, B = Mensch, C = Erde) bezeichnet werden. Die kleine Form bildet dabei eine Ausnahme. Sie kennt nur zwei Hauptzweige oder -blumen: Subjekt und Objekt. Der Hauptzweig als Subjekt muß eine interessante Linie aufweisen und ist entsprechend auszuwählen. In Deutschland sind die Gärtner und Blumenhandlungen noch nicht auf solches Material spezialisiert, aber im Garten und in der Natur lassen sich solche Zweige und Blumen sicher finden, die wir in unsere Arrangements einbringen wollen. Der Hauptzweig oder eine entsprechende Blume hat die längste Abmessung, der Objektzweig bzw. die als Objekt verwendete Blume dient zur Verbindung des Arrangements.

Wir teilen die kleinen Formen wie folgt ein:

– Kleine Form A und B = das Subjekt ist vertikal.

– Kleine Form C und D = das Subjekt ist geneigt.

Für diese modernen Formen schuf Ohara auch einen neuen Behälter, die halbrunde Schale (semicircular container) in schöner

farblicher Gestaltung. Es kann aber auch jede andere Blumenschale genommen werden. Gut geeignet sind auch ovale Behälter für die kleinen Formen.
Da bei den kleinen Formen die Zweitlinie wegfällt und das Dreierprinzip in diesem Falle durchbrochen wird, verkleinert sich unser Arrangement, d. h. wir benötigen weniger Material und kommen mit einer kleineren Schale aus. Wir haben nun aber erst die Grundpositionen kennengelernt, die aufgefüllt werden müssen. Dazu bedarf es der sogenannten Füller *(Chukan)*.
Für die Füller bestehen keine festen Regeln, sie können frei angeordnet werden. Die Füller oder Verbinder werden im Rahmen der Abmessungen des sogenannten Doms eingebracht, wie Hôun Ohara seine gedankliche Konstruktion nannte, die den Rahmen für die Füller bildet. Die nachfolgende Tabelle zeigt die Grundmaße.

	A = Subjekt	C = Objekt
Kleine Form A	A aufrecht A = 2 × Länge der Schale (Durchmesser) + Höhe	⅓ der Länge von A
Kleine Form B	A aufrecht A = 1½ × Länge der Schale (Durchmesser) + Höhe	⅓ der Länge von A
Kleine Form C	A geneigt A = 1½ × Länge der Schale (Durchmesser) + Höhe	⅓ der Länge von A
Kleine Form D	A geneigt A = 1½ × Länge der Schale (Durchmesser) + Höhe	⅓ der Länge von A

Lektion 1: Kleine Form A

Das Ziel ist die Darstellung der Schönheit vertikal angeordneter Zweige oder Blumen, die aus dem Zentrum des Behälters (in unserem Falle eine halbrunde Schale) aufragen. Es ist eine einfache Form, die mit dem Subjektzweig beginnt.

Wir haben eine flache Schale ausgewählt, vielleicht sogar die von der Ohara-Schule eigens für die kleinen Formen entwickelte halbrunde Schulschale.

Moribana – Kleine Form A (Mai 1981)

Das Foto zeigt für das Subjekt die besonders schön gebogenen Linien des Zierlauchs (Alium/*Negi*). Diese Pflanze wird in Japan für das Ikebana gezüchtet. Ein Netz wird über das Beet gespannt, so daß die Pflanzen nicht kerzengerade in die Höhe wachsen können und sich in einer schlängelnden Form entwickeln. Dadurch entstehen die besonders abwechslungsreichen Linien dieser Pflanze, die wir gern beim Ikebana verwenden.

Zum Befestigen der Pflanzen verwenden wir den Kenzan, den japanischen Blumenhalter, weil er besonders stabil ist und durch seinen schweren Bleifuß und durch spitze Haltenägel die Arbeit erleichtert.

Das Maß für den Subjektzweig ist 2× die Länge der Schale + deren Höhe, für den Objektzweig nehmen wir ⅓ der Länge des Subjekts. Wir müssen genau auf die Maße achten, da diese Abmessungen und Regeln die Summe der Erfahrungen enthalten, die berühmte Ikebana-Meister gewonnen haben. Manche Ikebana-Regel ist über Jahrhunderte überliefert worden und wird noch

heute streng befolgt: *Das Regelwerk ist ein Ergebnis langjähriger Ikebana-Praxis und tausendfach erprobt.*
Das Subjekt, der Zierlauch, wird hinten im Zentrum der Schale im Kenzan angeordnet, jedoch nicht ganz vertikal, sondern mit einer geringen Neigung nach vorn, so daß eine Vorwärtsbeugung um etwa 15 Grad entsteht. Dadurch kommt Bewegung in das Arrangement. Das Objekt sollte stets ein anderes Material sein als das Subjekt. Wir nehmen hier eine Lilie. Sie erhält eine Neigung von 45 Grad vorwärts und 20 Grad nach links oder rechts (s. Diagramm 1).
Für das Einsetzen des Objektes in den Kenzan legen wir den Zeigefinger behutsam vor das Subjekt und finden damit den Platz für die Einordnung. So kommt auch Raum, den wir für die Füller benötigen, zwischen das Material.
Die Anordnung der Füller ist frei. Sie sollten nicht länger und kräftiger sein als das Subjekt. Sie können zwar ganz nach individuellen Vorstellungen eingeordnet werden, dabei ist aber die gedankliche Konstruktion des Domes hilfreich. Hôun Ohara hat für die kleinen Formen den Dom konstruiert, der die halbe Länge des Subjektzweiges besitzt, die als gedachte Linie nach links und rechts verläuft. Von diesen beiden Außenpunkten wird die gedachte Linie nach oben zur Spitze des Subjekts geführt, wobei die Form eines Domes entsteht. *Füller sollen Spannung und Atmosphäre in die Anordnung bringen.*
Das Foto zeigt drei Alium in verschiedenen Längen und zwei Lilien.

Lektion 2: Kleine Form B

Das Charakteristikum der kleinen Form B ist ebenfalls die Schönheit der aufrecht gewachsenen Zweige oder Blumen. Um dies zu zeigen, wird das Material entweder links oder rechts in den Kenzan eingeordnet.

Wir haben folgende Maße zu beachten: Das Subjekt enthält 1½ × die Länge + die Höhe der Schale, das Objekt ⅓ der Länge des Subjekts.

Gegenüber der kleinen Form A ist hier die Länge des Subjekts etwas kürzer. Beide Formen sind sich ähnlich, die Stellung des Kenzan ist jedoch unterschiedlich. Während er bei der kleinen Form A in der Mitte steht, steht er bei der kleinen Form B hier im linken Bereich *(hongatte)* des Behälters (s. Foto). Wir verwenden Kirsche als Hauptzweig, der um etwa 15 Grad nach vorn gebogen wird. Das Objekt ist eine Iris, die sich um 45 Grad nach vorn neigt mit einer seitlichen Neigung von 20 Grad nach links oder rechts. Die Füllerbegrenzung wird durch den Dom bestimmt. Ist die Anordnung wie in diesem Fall links, können wir zur rechten Seite eine Ausdehnung um die halbe Länge des Subjekts ansetzen. Befindet sich die Anordnung rechts *(gyakugatte),* so ist die Ausdehnung auf ⅓ des Subjekts beschränkt (s. Diagramm 2).

Versuchen Sie, in Ihre Anordnungen immer Kontraste (in Formen und Farben) einzubringen. Das gibt starke Ausdrucksmöglichkeiten und Spannung. Wir sollten immer versuchen, die natürliche Schönheit

der Blumen und Pflanzen zu erhöhen. Sie sollten, wie meine Ohara-Lehrerin Hoga Fujiwara sagte, in unseren Arrangements so aussehen, als »seien sie aus der Erde gesprungen und würden in unserer Schale weiterwachsen«.

Lektion 3: Kleine Form C

Moribana – Kleine Form B (Mai 1981)

Bei der kleinen Form C betonen wir die geneigte Linie. Unser Subjektzweig ist eine Spiräe (Kanton-Spierstrauch/*Kodemari*), die wir entweder in die linke oder rechte Ecke der Schale einordnen. Das Subjekt hat eine Abmessung von 1½ × die Länge + Höhe des Behälters. Bei unserem Arrangement haben wir die Länge des Subjekts etwas betont, d. h. länger genommen als es das Standardmaß vorsieht, damit die Charakteristik des Materials herauskommt.
Das Subjekt steht links im Behälter und wird zur rechten Seite geführt, die Spitze neigt sich nach vorn. Das Subjekt wird im Winkel von 70 bis 80 Grad von der Vertikalachse geneigt. Wir entfernen einige Blüten und bringen damit die Schönheit der Linie heraus.
Das Objekt ist eine Rose, die wir auf ⅓ der Länge des Subjekts bemessen. Das Objekt wird vor das Subjekt geordnet und neigt sich in einem Winkel von 45 Grad nach vorn und zur Seite, d. h. um 20 Grad nach links oder rechts (s. Diagramm 3).
Nun kommen wir zu den Füllern. Der Raum auf der linken Seite des Subjekts darf nicht mehr als ⅓ des Subjekts ausmachen,

d. h. der Füller soll nicht zu weit zur linken Seite hinausgeführt werden. Die Vertikalfüller dürfen nicht zu lang sein und höchstens die Hälfte der Länge des Subjekts einnehmen. Als Hilfsmittel stellen wir einen Stock hinten in den Kenzan, der später entfernt wird; er soll nur die Hälfte der Länge des Subjekts messen. Es ist dem Schüler überlassen, wie er den Dom ausfüllen will, doch sollte die Anzahl der Verbinder oder Füller eher geringer sein und nicht zuviel abdecken, wie wir beim Ikebana allgemein darauf achten müssen, das Material nicht zu verschwenderisch einzusetzen. Auch hier gilt die Ikebana-Weisheit: *Weniger ist mehr!*

Moribana – Kleine Form C (Juli 1981)

Lektion 4: Kleine Form D

Charakteristisch für die kleine Form D ist der Verlauf des Hauptzweiges zum rechten oder linken Hintergrund. Wir haben für unser Subjekt einen Jasminzweig ausgewählt, der mit seinen fließenden Formen besonders geeignet für unser Arrangement erschien. Die beweglichen Zweige des Jasmins lassen sich gut biegen und formen. Die Maße sind 1½ × die Länge + Höhe der Schale, das Objekt erhält ⅓ der Länge des Subjekts.

Das Foto zeigt eine Anordnung, bei der von rechts nach links gestaltet und die offene Wasserfläche als Element in diese Anordnung einbezogen wird. Der Kenzan steht links. Nach der Anordnung des Subjekts wird es zum Verlauf in den linken Hintergrund gebogen und dabei in einem Winkel von etwa 70 bis 80 Grad von der Vertikalachse geneigt.

Für das Objekt verwenden wir eine Blume, in diesem Fall eine Stockesia *(Yaguruma magika)*; es erhält die gleiche Position wie in den kleinen Formen A, B und C. Wir stellen fest, daß die Maße von Subjekt und Objekt denen der kleinen Formen B und C entsprechen. Wie bei der kleinen Form C ist hier der Hauptzweig von der einen Seite der Schale über die offene Wasserfläche geführt worden, nur verläuft er in den Hintergrund.

Die Füller halten sich in der Begrenzung ihrer Längen an die Maße der kleinen Form C. Der Dom ist niedriger und breiter (s. Diagramm 4).

Wir verwenden drei Materialien. Mehr sollten es bei den kleinen Formen aber nicht sein.
Starke Wirkungen lassen sich auch durch ein Minimum der Mittel erreichen.

Moribana –
Kleine Form D
(April 1981)

Moribana-Grundformen

Nach den ersten vier Lektionen, wo wir uns mit den kleinen Formen des Moribana A, B, C und D beschäftigten, folgen nun die sogenannten Moribana-Grundformen
die aufrechte Form
die geneigte Form
die himmelstrebende Form
die Wasserfallform
die Kontrastform
die Einreihenform.

Nachfolgend die Zusammenstellung der Grundmaße.

Moribana-Grundmaße	A = Subjekt	B = Zweitlinie	C = Objekt
Aufrechte Form	Durchmesser + Höhe der Schale*	⅔ von A	½ von A
Geneigte Form	Durchmesser + Höhe der Schale	½ von A	½ von A
Himmelstrebende Form	Mehr als 1½ Durchmesser + Höhe der Schale	½ von A	⅓ von A
Wasserfallform	Mehr als 1½ Durchmesser + Höhe der Schale	½ vom Grundmaß	½ vom Grundmaß-
Kontrastform	1½ Durchmesser + Höhe der Schale	½ von A	⅓ von A
Einreihenform	1½ Durchmesser + Höhe der Schale	⅔ oder mehr von A	½ oder weniger von A

* = Grundmaß

Lektion 5: Moribana – Aufrechte Form

Die aufrechte Form wird innerhalb der sechs Grundformen des Moribana am meisten praktiziert. Sie zeichnet sich durch eine klare Linienführung aus und repräsentiert die Einfachheit des Ikebana.

Das Subjekt ist eine Blume, die in aufrechter Position im linken Hintergrund des Kenzan eingebracht wird. In unserem Arrangement handelt es sich um eine Prachtschale *(Riatorisu)*. Die Länge beträgt Durchmesser + Höhe des Behälters, wenn vom Standardmaß ausgegangen wird. Wir können aber bereits an dieser Stelle unseres Lehrgangs sagen, daß wir die Grundmaße nicht immer absolut einsetzen müssen. Vor allem kommt es auf das Charakteristische der Pflanze an. Wir müssen beobachten und fühlen, wie sie wächst, und ihre Linien betrachten. Dann erst spielen die Ikebana-Abmessungen in unsere Arbeit hinein.

Moribana – Aufrechte Form (April 1982)

Wir haben für unsere Anordnung 1½ × Durchmesser + Höhe des Behälters genommen und neigen die Blumen etwas vorwärts.

Für die Zweitlinie nehmen wir die gleiche Blume wie für das Subjekt.

In allen Grundformen haben wir für Subjekt und Zweitlinie das gleiche Material verwendet. Subjekt und Zweitlinie sind wie die eine Seite unseres Gartens oder einer Landschaft, während das Objekt ein anderes Material sein sollte. In der Natur findet sich an dieser Stelle vielleicht ein

Feld mit Rosen, dort ein Gladiolenbeet, was wir auch als Kontrast erkennen. Ähnlich ist es beim Ikebana, wo wir Kontrast, Form und Linie einzubeziehen haben.
Die Zweitlinie wird vorn links in den Kenzan eingebracht, sie hat eine Länge von $\frac{2}{3}$ des Subjekts. Wir bringen die Blume mit einer Neigung von 30 Grad seitwärts und 45 Grad nach vorn in den Kenzan.
Bevor wir zum Objekt kommen, wenden wir uns den Füllern zu. Sie sollen Spannung, Atmosphäre und Tiefe in unser Arrangement bringen. Es gibt keine festen Regeln für die Füller, sie sollen nur den Raum zwischen den Hauptzweigen füllen. Der erste Füller ist die gleiche Blume wie das Subjekt. Er läuft vor dem Subjekt vorwärts und sollte kürzer sein als die Zweitlinie. Der zweite Füller wird dicht am Fuß der Zweitlinie eingesetzt und neigt sich tief nach vorn. Er ist kurz gehalten und deckt den Kenzan ab. Ein dritter Füller steht zwischen Subjekt und Zweitlinie.
Für das Objekt und zwei begleitende Füller nehmen wir Rosen *(Bara)*. Die Länge des Objekts ist die Hälfte des Subjekts. Es besitzt eine Neigung von 60 Grad und geht 45 Grad zur Seite. Der erste Rosenfüller ist kürzer als das Objekt und wird dahinter angeordnet; er neigt sich nach links. Der zweite Füller steht hinten und erhält die längste Abmessung; er neigt sich nach vorn (s. Diagramm 5).
So haben wir eine Moribana-Grundform mit einer schlichten, klaren Ausstrahlung gewonnen, die unsere Freude am Ikebana sicher steigern dürfte.

Lektion 6: Moribana – Geneigte Form

Im Gegensatz zur aufrechten Form des Moribana, die Material im vertikalen Wachstum fordert, verwenden wir bei der geneigten Form gebogenes Material, das schon von der Natur aus in dieser Weise gewachsen ist.

In unserer Anordnung verwenden wir als Subjekt einen Zweig des Schneeballs *(Mushikari)*. Das Subjekt erhält die Länge des Durchmessers + Höhe des Behälters – oder mehr. Es wird vorn in der linken Ecke des Kenzan angeordnet mit einer Neigung von 70 Grad und einer Biegung von 45 Grad zur linken Seite.

Die Zweitlinie erhält die Hälfte der Länge des Subjekts und wird hinten im Kenzan mit einer Neigung zur linken Seite angeordnet, damit wir Tiefe bekommen.

Der erste Füller soll eine elegant gebogene Linie besitzen und vom gleichen Material wie das Subjekt sein. Er erhält fast die Länge des Subjekts, steht im hinteren Kenzan und läuft in einer schönen, weichen Linie vorwärts. In der aufrechten Form haben wir keinen Füller dieser Art. Wir verwenden ihn in der geneigten Form, weil diese sonst zu flach aussehen würde.

Der zweite Füller ist vom gleichen Material, aber blühend und wird vorn neben das Subjekt angeordnet. Er muß sich gut vorwärts neigen und ist kürzer als die Zweitlinie. Wir haben jedoch die Blätter entfernt, damit die schöne Linie deutlicher herauskommt.

Der dritte Füller steht zwischen Subjekt und Zweitlinie. Seine Länge ist etwa ⅓ der Länge des Subjekts, sie kann aber auch frei gewählt werden, wenn dies sinnvoller erscheint.
So haben wir bei dieser Anordnung zwei Hauptzweige und drei Füller vom gleichen Material. Unser Arrangement ist eine Variation der Grundform. Die eigentliche Grundform verwendet fünf Zweige und drei Blumen. Wir wollten die Form etwas interessanter machen und haben zwei Blumen und drei Lilienblätter verwendet.
Nachdem wir unseren Busch links im Kenzan fertig angeordnet haben, nehmen

Moribana – Geneigte Form (März 1982)

wir zwei Blumenfüller, in diesem Fall Disteln *(Azami)*. Wir ordnen eine dieser Disteln hinten an, lang, die andere kurz und vorn im Kenzan. Bei der schulmäßigen Grundform verwenden wir nur einen Kenzan (s. Diagramm 6). Um Raum in die Anordnung zu bringen, nehmen wir jedoch zwei Kenzan. Der rechte Kenzan nimmt das Objekt mit zwei Füllern auf (s. Diagramm 6a).

Das Objekt erhält die Hälfte der Länge des Subjekts. Wir verwenden hierfür eine Naruko-Lilie *(Naruko-yuri)*, deren Blätter besonders gezeichnet sind. Das Objekt neigt sich um 50 Grad nach unten und um 30 Grad zur rechten Seite. Diese Lilie wird häufig beim Ikebana verwendet. Ein kurzer und ein langer Füller beenden dieses Arrangement.

Wir nennen diese Variation mit drei verschiedenen Materialien *Sanshu-yashi*. Für das Objekt können wir auch die Blätter der Funkie *(Giboshi)* oder Farn *(Zenmai)* verwenden.

Lektion 7: Moribana – Himmelstrebende Form

Die himmelstrebende oder vertikale Form des Moribana verlangt Material, das hochgewachsen und gerade ist. Es muß eine natürliche Wirkung zeigen. Häufig werden Zweige und Blumen etwas länger genommen als das Standardmaß vorsieht. Das ist in diesem Falle möglich, weil damit das

Charakteristische der Pflanzen besser zum Ausdruck kommt.

Unsere Abbildung zeigt eine Anordnung mit Blumen. Die Päonie (Pfingstrose; *Shakuyaku/Botan*) und die Iris *(Hanashôbu)* oder Schwertlilie *(Kakitsubata)* sind, wie schon erwähnt wurde, in Japan sehr beliebt. Die Päonie gilt in Ostasien als ›Königsblume‹. Sie repräsentiert den 17. Dezember im Tageskalender der Blumen.

Moribana – Himmelstrebende Form (Mai 1981)

Das Subjekt besitzt im Standardmaß mehr als 1½ des Durchmessers der Schale + deren Höhe. Der Kenzan steht im Mittelpunkt unseres Behälters. Das Subjekt wird mit einer leichten Neigung nach vorn angeordnet (s. Diagramm 7).

Die Zweitlinie erhält die Abmessung der Hälfte des Subjektes. Diese Länge kann aber auch etwas vergrößert werden, wenn es erforderlich und ästhetisch vertretbar erscheint. Hierbei wird der Ikebana-Student bald erkennen, daß es äußerst schwierig ist, die aus langer Tradition entstandenen Regeln zu verändern und eigene Dimensionen einzubringen. Wesentlich ist es immer, vom Material aus zu entscheiden, da dies unterschiedlich gewachsen ist.

Die Zweitlinie wird vor das Subjekt geordnet und kommt bis zu 30 Grad nach links (oder rechts) mit einer Neigung von 15 Grad vorwärts. Subjekt und Zweitlinie sind japanische Iris. Der erste Füller, ebenfalls Iris, wird hinter das Subjekt geordnet und erhält eine Neigung zur rechten Seite, wenn wir – wie in unserem Falle – die Zweitlinie nach links geordnet haben (sonst ist die Anordnung umgekehrt).

Als Objekt nehmen wir eine Päonie, die ganz vorn in den Kenzan mit einer eleganten Neigung von 80 Grad kommt. Wenn der Rand unseres Behälters im Wege sein sollte, so daß eine solche Neigung nicht entstehen kann, wird das Objekt mit dem Fuß nach hinten geordnet, damit die gewünschte Neigung entsteht.
Als zweiter Füller wird eine weitere Päonie eingesetzt, die zwischen Subjekt und Zweitlinie kommt, jedoch kürzer als diese sein muß. Der dritte Füller sollte eine aufgeblühte Päonie sein, kürzer als das Objekt und hinter dieses geordnet.
Alles steht fest in einer Linie hintereinander. Es sieht aus, als würde das gesamte Material aus einer Wurzel kommen. Es läuft zuerst miteinander, dann auseinander und schließlich wieder zusammen. Japaner sagen in einem solchen Fall: »Die Zweige verlaufen so, als würden sie sich im Auge Buddhas treffen.« Schon im traditionellen Shôka-Stil kam diese Philosophie zum künstlerischen Ausdruck *(Shin-soe-tai),* wie wir es beim Dreierprinzip der Ikebana-Theorie dargestellt haben.

Lektion 8: Moribana – Wasserfallform

Die Wasserfall- oder Kaskadenform des Moribana benötigt Zweige, die neigende, hängende Linien besitzen. Dieses Material läßt sich manchmal nur mit Schwierigkeiten beschaffen. Die Wasserfallform sollte möglichst in Augenhöhe stehen, evtl. auf

einem Bord oder Tischchen als Untersatz. In unserem Beispiel haben wir ein altes koreanisches Medizinschränkchen mit Messingbeschlägen genommen, aber es lassen sich auch alle anderen Tischchen dafür verwenden.
Für unser Arrangement haben wir Zweige des Johanniskrautes *(Biyo-yanagi/Shinano-otogiri)* verwendet. Der Subjektzweig kann 1½ bis 2 × des Durchmessers + Höhe des Behälters messen, gegebenenfalls auch mehr, falls der Zweig entsprechend gewachsen sein sollte.
Der Kenzan steht links oder rechts in der Schale. Bei unserer Anordnung wird er links gestellt. Wir ordnen das Subjekt in die linke vordere Ecke des Kenzan und lassen es fließend nach unten um 130 Grad verlaufen. Die Zweitlinie wird vom gleichen Material genommen. Ihre Länge ist die Hälfte vom Standardmaß (s. Diagramm 8). Sie steht hinten im Kenzan, neigt sich zur Seite und etwas rückwärts.
Die drei folgenden Füller sind aus dem gleichen Material wie Subjekt und Zweitlinie. Zunächst nehmen wir einen langen Füller, der Höhe bringen muß. Seine Spitze kann zur rechten oder linken Seite verlaufen. Wir neigen ihn etwas nach vorn. Ein kurzer Füller kommt zwischen Subjekt und Zweitlinie. Der dritte Füller wird geneigt und kommt vorn neben das Subjekt. Er soll den Hauptzweig begleiten und unterstützen.
Das Objekt erhält die Hälfte des Standardmaßes oder etwas mehr, je nach Verlauf. In unserem Fall ist es eine Lilie *(Yuri)*. Sie

wird vorn rechts in den Kenzan eingebracht. Dabei ist immer das Diagramm zu beachten, das die richtige Winkeleinstellung zeigt.
Ein kurzer Füller steht hinter dem Objekt und neigt sich nach links. Ein längerer Lilienfüller steht hinten mit einer leichten Neigung nach vorn.
Diese Form erfordert viel Gefühl für die notwendige Linienführung.

Moribana – Wasserfallform (Juni 1982) auf einem koreanischen Medizinschrank aus Keyaki-Holz mit Messingbeschlägen, Ende 19. Jahrhundert

Moribana – Kontrastform (Oktober 1981)

Lektion 9: Moribana – Kontrastform

Bei der Kontrastform arbeiten wir mit Zweigen, die anmutig nach links und rechts schwingen. Sie stehen sich gegenüber und scheinen eine Symmetrie zu formen, die aber – bedingt durch unterschiedliche Längen – mehr eine Asymmetrie ist, wie sie sich bereits in alten japanischen Malereien (zum Beispiel in der Tuschmalerei »Sumi-e«) findet, welche wesentlich vom sogenannten »leeren Raum« mitgestaltet wird.

Als Material wählen wir Chrysantheme *(Kiku)*, Drachenlilie *(Akadorasena)* und eine Form des Goldregens *(Sekkaenishida)*. An Stelle des Goldregens lassen sich aber auch Kastanienzweige *(Kuri)*, Weidenkätzchen *(Nako Yanagi)* und Forsythien *(Rengyô)* einsetzen. Die gesamte Anordnung muß durch ihr Material eine gute Ausgewogenheit besitzen (s. Diagramm 9).

Der Kenzan steht in der Mitte des vorderen Teils der Schale. Das Subjekt ist Goldregen. Wir messen 1½ × den Durchmesser + Höhe des Behälters. Es kann aber auch etwas länger werden, wenn der ausgewählte Zweig von besonderer Schönheit ist. Wir bringen ihn rechts in den Kenzan mit einer Neigung zur linken Seite. Dann geben wir ihm einen Schwung nach vorn.

Die Zweitlinie wird nach der Hälfte des Subjekts bemessen oder kann auch etwas länger sein und wird links im Kenzan eingeordnet. Sie schwingt zur rechten Seite. Beide Zweige bilden ein Kreuz. Auf diese Weise gewinnen wir am Fuß eine kompakte Basis.

Der erste Füller kommt neben das Subjekt. Er hat ⅔ der Länge des Subjekts und soll Tiefe in unsere Anordnung bringen. Er neigt etwas nach der linken Seite und rückwärts. Der zweite Füller wird nach der Hälfte des Subjekts bemessen. Er läuft nach vorn und neigt sich abwärts. Wir ordnen ihn neben den Fuß des Subjekts. Der dritte Füller ist kurz und steht als Helfer neben der Zweitlinie. Wir lassen ihn entweder nach vorn oder nach hinten verlaufen, wie es der Platz zuläßt.

Das Objekt ist eine Drachenlilie. Es hat ⅓ der Länge des Subjekts und kommt vorn in das Zentrum und erhält eine Neigung von 80 Grad. Drei Füller, Chrysanthemen von unterschiedlicher Länge, ergänzen das Arrangement.
Wir haben eine Anordnung gestaltet, die wir auch nur mit zwei Materialien (fünf Zweige, drei Blumen) gestalten können; auch das führt zu einer ausgewogenen Form.

Lektion 10: Moribana – Einreihenform

Die Einreihenform des Moribana wurde von Professor Hôun Ohara in den siebziger Jahren entwickelt. Sie ist platzsparend. Weil sie kaum Tiefe besitzt und auch in ihrer Ausdehnung seitlich begrenzt ist, kann sie in den modernen Apartmentwohnungen auf Fensterbänken oder an anderen Stellen aufgestellt werden, wo sie auch auf einem engen Raum zur Geltung kommen kann.
Wir benutzen eine längliche Schale und drei Kenzan (s. Diagramm 10). Das Subjekt hat als Längenmaß 1½ × die Länge der Schale + Höhe. Wir verwenden als Subjekt einen Haselzweig *(Shanshuyu),* den wir links oder rechts einordnen können. Die Zweitlinie steht entgegengesetzt und kann die gleiche Länge wie das Subjekt erhalten, aber auch kürzer sein, so z. B. ⅔ der Länge des Subjekts. Das kann in diesem Falle der jeweiligen Gestaltung vorbehalten bleiben.

Zum Subjekt kommen noch zwei kürzere Füller (ebenfalls Haselstrauch), zur Zweitlinie ein Füller. Wir setzen Eukalyptus *(Yûkari)* als zusätzliche Füller ein. Diese bringen eine weiche Bewegung in die Anordnung, da die Hauptzweige an sich steif sind und durch diese zusätzlichen Füller weicher wirken.

Moribana – Einreihenform (August 1981)

Als Objekt setzen wir eine Tulpe *(Chûlippu)* ein. Das Standardmaß ist die Hälfte der Länge des Subjekts. Es kann aber auch kürzer sein, sogar ganz kurz genommen werden. Das Objekt muß in jedem Falle eine Vorwärtsneigung um 15 Grad erhalten. Zwei Tulpenfüller – kurz und lang – machen die Anordnung vollkommener. Wenn Sie Zucker ins Wasser geben, bleiben die Tulpen länger aufrecht und neigen sich nicht so schnell.

Die Einreihenform läßt sich aber auch mit zwei Materialien gestalten. Bei verschiedenen Versuchen wird die Schönheit jeder möglichen Gestaltungsform bald erprobt sein.

Auch hier gilt wie bei jeder anderen Ikebana-Übung, daß sie nicht oft genug wiederholt werden kann.

Heika

In Westeuropa und Amerika werden die Blumen gern als Tisch- oder Zimmerschmuck zu dichten Sträußen gebunden, so daß sie oft wie gepreßt in einer Vase stehen.
Fast das Gegenteil davon ist das Heika der japanischen Blumenkunst. Ein Heika-Arrangement zeigt große Eleganz und ist ein Spiegel des erlesenen Geschmacks eines Meisters. Während beim Moribana mehr das Gefühl für die Natur und die Persönlichkeit des Gestalters zum Ausdruck kommen, zeigt das Heika den kulturhistorischen Hintergrund und das künstlerische Gefühl sowie die technische Intelligenz des Meisters.
Heika läßt sich sinngemäß übersetzen als ›Form, bei der die Blumen so aussehen, als seien sie in einen Behälter *hineingeworfen*‹, und daher heißen diese Arrangements auch *Nagei'ire,* was wörtlich übersetzt ›einwerfen‹ oder ›hineinwerfen‹ bedeutet. Nagei'ire oder Heika wurden besonders populär seit der Öffnung Japans nach Westen, als der westliche Einfluß immer größer wurde.
Natürlich darf dieses ›Hineingeworfen‹ nicht wörtlich genommen werden, denn Heika ist nur aus seiner langen Tradition und Geschichte heraus zu verstehen. Heika ist, wie Hôun Ohara sagt, »einer der großen Stile des Ikebana«. Großes technisches Können, jahrelange Übung und künstlerischer Geschmack sind Voraussetzung zur Gestaltung eines Heika und durch nichts zu ersetzen. Jeder Zweig hat seine vorgeschriebene Position, was bei der schwerelosen Eleganz der Anordnungen oft schwierig ist.

Für Heika verwenden wir keine Schalen wie beim Moribana, sondern hohe Vasen. Auch den Kenzan können wir nicht verwenden, da die Blumen und Zweige auf natürliche Weise in ihre Position gebracht werden müssen, ganz so, wie es die entsprechende Form vorschreibt. Als natürliche Hilfe gilt zunächst die Innenwand der Vase, künstliche Hilfen sind Holzstützen oder Stöckchen im Innern der Vase, die jeweils anzufertigen sind. Das sind recht komplizierte Methoden, die eine lange Ausbildungszeit erfordern. Über Nacht ist kein Heika zu erlernen.
Beim Heika ist es wichtig, daß die jahreszeitliche Atmosphäre eingebracht wird. Heika soll uns die Natur nahebringen. Beim Ohara-Ikebana ist es mit das wichtigste, daß im Arrangement immer die Jahreszeit mit ihrer spezifischen Atmosphäre zum Ausdruck kommt. Für Heika-Anordnungen sucht man die Hauptzweige möglichst in der Natur und nicht im Blumengeschäft. Der wahre Geist des Ikebana, um es noch einmal zu wiederholen, liegt in der Faszination des Zusammentreffens von Mensch und Natur. Und hier, in der Natur, können wir die Zweige und Blumen auswählen, unser Material sammeln und dadurch zu großer Befriedigung kommen.

Die fünf Formen des Heika

Die Ohara-Schule unterscheidet fünf Formen des Heika:
die aufrechte Form
die geneigte Form
die himmelstrebende Form
die Wasserfallform
die Kontrastform

Die Hauptlinien nennen wir auch hier Subjekt (A), Zweitlinie (B) und Objekt (C). Wir können die Anordnung entweder linksseitig *(hongatte)* oder rechtsseitig *(gyakugatte)* vornehmen. Leider ist es nur schwer möglich, diese Formen durch ein Buch zu erlernen. Viel Praxis und immer wieder Übung sind erforderlich, um die Techniken, das Beschneiden der Blumen und Zweige, die Bearbeitung, vor allem das wichtige ›Weglassen‹, zu erlernen, ja zu studieren. Wir müssen durch das Weglassen versuchen, die Schönheit der Blumen und Zweige herauszubringen. In unendlicher Geduld, »mit einem Herzen voller Liebe für die Natur« sollte sich der Ikebana-Student dieser Kunst zuwenden. »Versenke dich in die Welt der Blumen, alles vergessend«, sagt eine japanische Spruchweisheit.

Heika ist eine große Kunst.

Doch auch beim Heika gibt es Grundmaße, die uns das nötige Grundwissen vermitteln und auf die wir immer wieder zurückgreifen können, bis wir die Maße fest im Kopf haben.

Heika-Grundmaße

	A = Subjekt	B = Zweitlinie	C = Objekt
Aufrechte Form	1½ × Vasenhöhe*	⅔ von A	½ von A
Geneigte Form	1½ × Vasenhöhe	½ von A	½ von A
Himmelstrebende Form	mehr als 1½ × Vasenhöhe	½ von A	⅓ von A
Wasserfallform	mehr als 1½ × Vasenhöhe	½ vom Grundmaß	½ vom Grundmaß
Kontrastform	1½ × Vasenhöhe	½ von A	⅓ von A

* = Grundmaß

Technik des Heika

Zur Technik des Heika in der hohen Heika-Vase wird immer wieder gefragt, wie die Blumen und Zweige ohne den Kenzan in dem Behälter befestigt werden, da sie ohne Halterung auseinanderfallen.
Vor einigen Jahrhunderten, als ausschließlich hohe Bronzegefäße benutzt wurden, gab es verschiedene technische Vorrichtungen zur Befestigung der Blumen. Im weiteren Verlauf wurden weitere Formen solcher Befestigungen entwickelt. Bei der alten Rikka-Form der Ikenobô-Richtung wurde ein Bund Reisstroh *(Komiwara)* genommen, in das sieben oder acht Blumen gepreßt werden konnten.

Heute gibt es in der Ohara-Schule eine natürliche und eine künstliche Methode: Bei der natürlichen Methode wird auf der Innenseite der Vase die dort befindliche Halterung benutzt.
Bei der künstlichen Methode muß der Schüler technisches Geschick aufbringen, aber wenn er diese Methode beherrscht, dann wird er viel Freude daran finden und seinen Einfallsreichtum entfalten können. Zunächst werden die Reste der Zweige gesammelt, die bei der Ikebana-Arbeit übrigbleiben. Wenn sie für unser Vorhaben zu dick sind, dann halbieren wir sie. Bei der Anordnung für die geneigte Form, für Wasserfall- und symmetrische Form werden die Enden der Zweige aufgeschnitten, und es

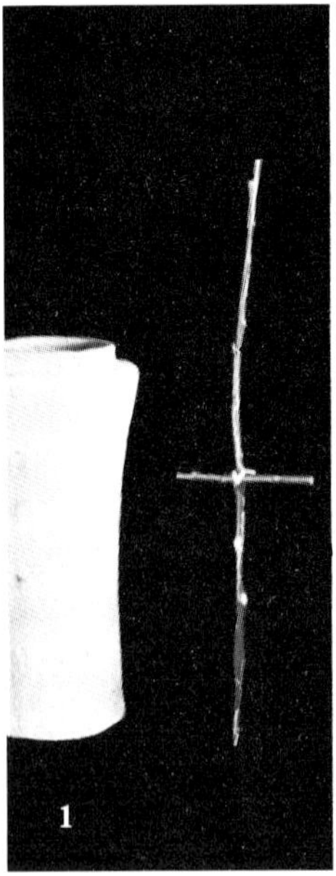
1

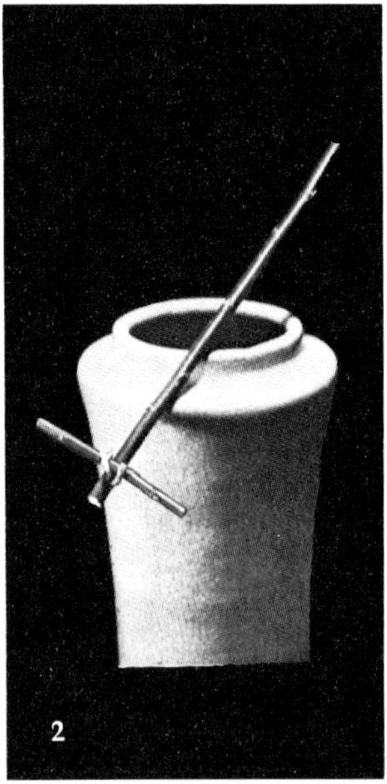
2

3

wird ein Stöckchen eingesetzt. Das ist einfach. Danach wird der so bearbeitete Zweig in die Vase eingefügt, der sich sogar in einem Winkel bewegen läßt, wenn es die Form vorschreibt. Für Anfänger ist es aber leichter, wenn sie etwas Bast oder Stroh um das Haltestöckchen wickeln. Bei den aufrechten Formen sollte der Zweig so lang sein, daß er den Boden der Vase berührt; dann läßt er sich in einem Winkel biegen. Sollte der Zweig nicht lang genug sein, muß er mit einem zweiten Haltestock verlängert werden, der mit dem Zweig fest verbunden wird. Am Fuß ist noch ein Querstäbchen zu befestigen, so daß der Zweig mit diesem Untergestell leicht in die Vase eingeführt und fixiert werden kann.

Halterungen/ Befestigungen von Zweigen in der Heika-Vase
1 Kreuz-Halterung füllt den Innenraum der Vase von der einen zur anderen Vasen-Innenseite
2 Halterung zur Befestigung von geneigten Zweigen
3 Winkel-Halterung zur Befestigung von starkgeneigten Zweigen
4 Das eingekerbte untere Ende eines Zweiges wird in einen querliegenden Zweig eingepreßt, der den Innenraum der Vase füllt

Bei der himmelstrebenden Form wird der Zweig in einer aufrechten Position gehalten. Dies wird *Kogai-dome* genannt, was vom japanischen Begriff für Haarnadel herkommt, dem diese Konstruktion ähnelt. Wir nehmen ein Haltestöckchen, messen den Durchmesser der Vase und binden es an den Hauptzweig. Es ist etwas schwierig, diesen Zweig in die Vase zu bringen, denn er muß auf dem Boden aufliegen. Doch läßt sich das mit etwas Geduld bald meistern. Befindet sich der Hauptzweig in dieser festen Position, lassen sich die anderen Zweige meist leicht zuordnen, da sie nun eine Art Stütze erhalten haben. Blumen und Füller sollten etwas abgebogen werden, damit sie eine Stütze im Innern an der Vasenwand finden.

Jeder Student des Ikebana kann seine Erfindungsgabe voll entfalten, da es nicht für jeden Fall ein Patentrezept gibt und diese Techniken meist individuell entwickelt werden. Mancher ist bald ein Meister, der andere wird längere Zeit für den Erwerb solcher Fähigkeiten benötigen. In der Ohara-Schule lehrt Professor Kazuhiko Kudo, der diese Techniken unnachahmlich meistert, speziell beim Heika. Er vermag sogar mühelos kleine Bäume in eine Riesenvase zu bringen, die sofort einen festen Stand erhalten, was sein Auditorium mit großer Spannung verfolgt und bewundert. Die von ihm geleiteten Meister-Seminare sind aber nicht allein wegen seiner technischen Fähigkeit, sondern vor allem wegen des hohen Ranges seiner Blumenkunst ein künstlerischer Genuß.

Lektion 11: Heika – Aufrechte Form

Wir verwenden für die hier gezeigte aufrechte Form des Heika Drachenweide *(Sekkayanagi)* und Hahnenkamm *(Keitô)*. Die Drachenweide, auch Bänderweide, ist in Japan Wintermaterial, das beim Moribana und Heika gern benutzt wird, weil diese Pflanze interessante Linien besitzt. Der Hahnenkamm ist schön im späten Herbst und frühen Winter.

Allgemein werden für diese Form fünf Zweige von einer Art und drei Blumen verwendet. Um jedoch den Aufbau Ihres ersten Heika zu vereinfachen, verwenden wir nur drei Zweige der Drachenweide und zwei Blumen.

Wir können die Anordnung links oder rechts in die Vase bringen. Das Material wird in einem der beiden vorderen Viertel der Vase angeordnet (s. Diagramm 11).

Bei den Längen im Heika muß beachtet werden, daß sie sich auf den Teil beziehen, der vom Vasenrand bis zur Spitze führt. Der Teil, der im Innern der Vase steht, wird nicht mitgerechnet. Das Subjekt, die Drachenweide, erhält die Länge 1½ × Höhe der Vase, dazu kommt noch zusätzlich eine Vasenlänge in den Behälter. Also benötigen wir einen langen Zweig für diese Anordnung. Um den Zweig sicher in der Vase zu halten, bringen wir unten einen Querzweig an. Wir schneiden den Subjektzweig ein und schieben den Querzweig hinein. Nun führen wir den Zweig in die Vase, er erhält eine Vorwärtsneigung von etwa 15 Grad.

Die Zweitlinie erhält ⅔ der Länge des Subjekts. Sie dehnt sich vor dem Subjekt aus und läuft mit einer Neigung zur linken Seite. Um den Zweig in dieser Position zu halten, benötigen wir eine besondere Technik *(Ichimonji-dome)*. Wir schneiden den Zweig nach etwas mehr als ⅔ der Länge des Subjekts ein und setzen abermals ein Querstöckchen ein.

Heika – Aufrechte Form (September 1981)

Nun bringen wir die Zweitlinie in die Vase, kurz unterhalb des Randes, von rechts nach links.

Der erste Füller ist eine Drachenweide, die nach vorn verläuft. Hierfür knicken wir den Zweig etwas um und hängen ihn ins Innere der Vase. Das ist eine ganz natürliche Methode.

Für das Objekt nehmen wir einen Hahnenkamm. Die Länge ist die Hälfte des Subjekts. Das Objekt neigt sich nach vorn. Wir geben der Blume einen leichten Knick, so daß die gewünschte Neigung herauskommt. Ein langer Blumenfüller wird schließlich hinten eingeordnet.

Zweitlinie und Subjekt sollen wie aus einem Zweig gewachsen erscheinen.

Lektion 12: Heika – Geneigte Form

In dieser Heika-Form versuchen wir die Schönheit geneigter Zweige herauszustellen oder ihre Linienführung zu zeigen. Unsere Materialien sind Kanton-Spiräe *(Kodemari)* und Rose *(Bara)*. Die Kanton-Spiräe ist das Hauptmaterial. Die winzig weißen

Blüten häufen sich dicht aneinander, und die biegsame Form der Pflanze eignet sich ganz besonders für die geneigte Form (aber auch für den Wasserfall).

In Japan werden diese Zweige nicht nur im Blütezustand benutzt, sondern auch nach dem Austreiben der Blätter. Es ist nicht ganz einfach, mit diesem Material zu arbeiten. Wir müssen zunächst sehr sorgfältig den natürlichen Fall der Zweige studieren und einige der Blüten und Blätter entfernen, denn die Zweige dürfen nicht überladen sein. Vor allem ist auf die Linie zu achten, die wir herausbringen wollen (s. Diagramm 12).

Heika – Geneigte Form (August 1981)

Die Rosen stellen einen Farbkontrast zur Spiräe dar. Wir versuchen, den Subjektzweig mit einer eindrucksvollen geneigten Linie zu finden. Die Neigung beträgt 70 Grad, das Subjekt soll aber auch um 45 Grad zur linken Seite verlaufen. Die Länge beträgt 1½ × die Höhe der Vase. Um den Zweig in eine feste Position innerhalb der Vase zu bringen, schlitzen wir das untere Ende mit einer Schere auf, schieben ein Querstäbchen hinein und bringen dann den Zweig so gestützt in die Vase ein.

Die Zweitlinie wird hinten in der Vase in etwas aufrechter Form angeordnet. Wir können hierbei die gleiche Kreuztechnik wie beim Subjekt verwenden, aber auch in anderer Weise verfahren, wenn uns eine andere technische Lösung einfallen sollte, da wir in allen diesen Fragen der Ikebana-Technik immer wieder nach neuen Lösungen suchen sollten. Die Länge ist die Hälfte des Subjekts.

Der erste Füller ist ein langer Zweig der Spiräe, der fast so lang sein kann wie das Subjekt. Er verläuft nach vorn. Der zweite Füller steht zwischen Subjekt und Zweitlinie und verläuft zur Seite. Der dritte Füller ist der kürzeste Zweig, der nach vorn verläuft. So haben wir bei der Gestaltung das Subjekt, die Zweitlinie und drei Füller vom gleichen Material.
Das Objekt ist eine Rose. Aber auch für zwei weitere Füller benötigen wir Rosen. Das Objekt erhält die Hälfte der Länge des Subjekts und neigt sich um 60 Grad. Um eine feste Position für diese Rose zu erhalten, knicken wir sie etwas ab und verwenden die hintere Vasenwand als Halterung. Die zweite Rose ist kürzer als das Objekt und läuft etwas nach links zur Spiräen-Gruppe. Wir knicken sie am Ende etwas um, damit sie eine leichte Neigung nach vorn bekommt. Die dritte Rose ist die längste. Sie wird hinten eingeordnet, mit einer leichten Neigung nach vorn, so daß bei den Blumen ein Dreieck entsteht.
Die geneigte Form des Heika wird von vielen Japanern geliebt. Das wird bei den großen Ikebana-Ausstellungen deutlich, wo sie in zahlreichen Arrangements vorgestellt wird.

Lektion 13: Heika – Himmelstrebende Form

Bei dieser Heika-Form wird Nachdruck auf die Vertikallinien gelegt (s. Diagramm 13). Dafür muß Material ausgewählt werden, das in der Natur lang und gerade wächst. Um das Material mit einem festen Stand in der Vase anzuordnen, wird die Kreuztechnik *(Kogai-dome)* verwendet.

Für Subjekt und Zweitlinie nehmen wir Palmenblätter *(Yashi).* Für das Subjekt messen wir mehr als 2½ × die Höhe der Vase, wovon jedoch eine Länge voll in die Vase kommt. Vergessen Sie daher nicht das Entfernen der Blätter von diesem Teil, damit wir sie nicht dem Fäulnisprozeß im Wasser aussetzen. Der Subjektzweig berührt also den Boden der Vase. Wir messen ein Stöckchen ab, das den Durchmesser der Vase besitzen muß, und binden es unterhalb des Vasenrandes mit Stroh oder Bast an den Zweig. Hôun Ohara nimmt niemals Draht für diese Befestigungen, sondern immer natürliches Bindematerial.

Wir führen nun den Zweig in die Vase ein. Das Subjekt erhält eine kleine Neigung nach vorn.

Die Zweitlinie ist ebenfalls ein Palmblatt. Seine Länge ist die Hälfte des Subjekts (in unserem Falle haben wir es etwas länger genommen). Wir neigen die Zweitlinie etwas nach vorn und bis zu 30 Grad nach links oder rechts.

Für das Objekt nehmen wir kleine Chrysanthemen *(Kiku).* Wir neigen es sehr tief nach unten, um etwa 80 Grad. Um Nach-

druck auf die aufragende Anordnung zu legen, geben wir den folgenden Füllern bei ihrer Bewegung zur Seite nur wenig Raum. Der erste Füller ist eine Strelitze *(Strecha).* Sie steht zwischen Subjekt und Zweitlinie, ist aber kürzer als diese. Bis zu 30 Grad kann sie nach links oder rechts verlaufen. Der zweite Füller, ebenfalls eine Strelitze, kommt zwischen Zweitlinie und Objekt.

Heika – Himmelstrebende Form (Oktober 1981)

Bei unserem Arrangement haben wir einen weiteren Füller ausgelassen, der bei den Grundformen eingesetzt wird. Er wird dann zusätzlich ganz hinten eingesetzt, damit er Tiefe einbringt. Das wäre für die hier abgebildete Anordnung aber zu viel, weil die Palmblätter sehr stark wirken.

Es gibt viele Zweige und Blumen, die sich gut für diese Anordnung verwenden lassen, was ihre Häufigkeit verständlich macht. Der Ikebana-Student sollte alles ausprobieren. Wichtig bei diesem Arrangement ist: hoch, tief, schmal.

Lektion 14: Heika – Wasserfallform

Die Wasserfallform, auch Kaskadenform genannt, verlangt besonderes Material. Wir verwenden Zweige, die eine fallende, rankende Erscheinung besitzen. Die Länge des Subjekts ist erheblich überdehnt. Manchmal verwenden wir die 2- oder 3fache Länge, um die besondere Charakteristik des Zweiges herauszuholen.

Um den Subjektzweig, in unserem Fall Winterjasmin *(Ôbai),* fest im Behälter zu

halten, spalten wir ihn unten auf und fügen einen kleinen Querzweig ein. Wir hängen ihn in die Vase ein, so daß er einen guten Fall bekommt. Dieser Querzweig ist praktisch die Stütze für die anderen Zweige. Die Zweitlinie kann ebenfalls mit einem Querstöckchen versehen werden, oder wir biegen diesen Zweig im rechten Winkel ab und benutzen die Vasenwand als Halterung.

Heika – Wasserfallform (April 1982)

Ein langer Füller neigt vorwärts. Ein zweiter Füller begleitet das Subjekt und neigt sich nach unten. Ein dritter Füller steht zwischen Subjekt und Zweitlinie. Er ist kurz und läuft nach links und nach vorwärts (s. Diagramm 14).

So haben unsere Zweige verschiedene Längen. Alle Zweige sollten sich vorwärts neigen und damit zur Harmonie mit dem Subjekt gelangen. Ein gerader, steifer Zweig kann die ganze Komposition zerstören.

Für das Objekt nehmen wir eine Kalla *(Orandakaiu kara)* und neigen sie um 45 Grad vorwärts. In unserer Anordnung haben wir eine Variation der drei Blumen gebracht. In der Grundform stehen die drei Blumen wesentlich gerader. Wir haben sie hier mit der ganzen Anordnung geneigt mitlaufen lassen. So haben wir das Objekt, einen kurzen und einen langen Kallafüller im Hintergrund. Als Variation ordnen wir noch Asparagus *(Tenmondô)* dazwischen, da das Arrangement sonst zu leer wirken würde, weil die Kalla keine Blätter hat. Die beschriebene Form ist eine Variation, die wir in der Deutschen Kadô-Schule üben.

Lektion 15: Heika – Kontrastform

Die Kontrastform des Heika ist geeignet für gebogene oder flexible Zweige. In unserer Anordnung nahmen wir Zweige des Bohnenbaumes *(Enishida),* der unserem Ginster ähnelt und den wir bei einer Nachgestaltung verwenden können. Die Länge des Subjekts beträgt 1½ × Höhe der Vase. Die Zweitlinie mißt die Hälfte des Subjektes.

Diese beiden Linien strecken sich entgegengesetzt aus, und ihre Neigungen sind verschieden (s. Diagramm 15). Es sollte so aussehen, als ob beide Zweige zu einem Stamm gehören. Darum lassen wir sie in der Vase so stehen, als seien sie gekreuzte Zweige eines Stammes. Beide Enden dieser Zweige schneiden wir ein und schieben ein Stöckchen ein. So haben wir eine gute Halterung in der Vase.

Einen langen Füller vom gleichen Material, etwa ⅓ länger als das Subjekt, ordnen wir hinten in der Vase ein als Hilfe für das Subjekt und um Tiefe zu erreichen. Der zweite Füller neigt sich vorwärts neben den Subjektzweig und mißt etwa die Hälfte des Zweiges.

Der dritte Füller läuft neben der Zweitlinie und kann entweder nach hinten oder nach vorne geführt werden.

Das Objekt läuft ins Zentrum. Wir nehmen eine Tulpe *(Chûlippu),* die ⅓ der Länge des Subjekts hat und die sich 80 Grad vorwärts neigt. Der erste Blumenfüller ist kürzer als das Objekt, der lange Blumenfüller steht

hinten. Diese drei Blumen ergeben in ihrem Aufbau demnach ein Dreieck.
Wenn sich in der Anordnung noch leere Stellen befinden, die gefüllt werden sollten, können wir ruhig noch weitere Zweige hinzugeben.
Dieses Arrangement benötigt Platz nach beiden Seiten. Blattlose Kastanienzweige oder Drachenweide, aber auch Forsythien eignen sich sehr gut für diese spannungsreiche Form.

Merke: Wiederholungen dieser Formen sind nötig, aber möglichst immer mit anderen Materialien! Auch Einfallsreichtum gehört zum Ikebana!

Heika – Kontrastform (März 1982)

Landschafts-Ikebana

Landschafts-Ikebana *(Shakei)* machen einen großen Teil des Ohara-Lehrprogramms aus. Unshin Ohara führte diese Formen in das Ikebana ein. Zum Gedächtnis an diesen großen Ikebana-Künstler fand im Oktober 1981 in Osaka eine einzigartige Ausstellung statt, in deren Mittelpunkt Nachgestaltungen seiner historischen Landschafts-Arrangements standen und an der die führenden Ohara-Meister aus ganz Japan mit Landschafts- und Moribana-Gestaltungen beteiligt waren.

Beim Landschafts-Ikebana wird in flachen Schalen ein Ausschnitt aus der Natur geschaffen und diese damit ins Haus gebracht. Dieses Ikebana verlangt schöpferische Kraft und eine starke Beobachtungsgabe. Die Hingabe an die Natur ist eine unerläßliche Voraussetzung dieser Gestaltungen, in denen Blumen, Wurzeln, Steine, Moos und andere Bestandteile sozusagen den ›Atem der Natur‹ wiedergeben: Land, See, Berge spiegeln sich in diesem Ikebana. Der Betrachter soll die Pracht und Schlichtheit der Natur entdecken, zum Beispiel bei einer Winterlandschaft Schönheit und zugleich Armut, wie sie in dieser Jahreszeit zu finden sind.

Ein Landschafts-Ikebana im Winter wird mit bemoosten Wurzeln, Narzissen, Bambusgras und kleinen Astern gestaltet, dazu ein Hügelchen mit Kiefernnadeln. So wird die besondere Atmosphäre eines Tempelgartens in Kyoto zum Ausdruck gebracht: Es ist bitterkalt, die Nadeln der Kiefern sind abgefallen, Schnee liegt auf den Blättern des Bambus. Trotz der Kälte findet sich in der trostlosen Landschaft

schon etwas Farbe, die den Frühling ankündigt. Das sind die grün und weiß leuchtenden Narzissen *(Suisen)* im Schnee, die ein Gefühl der Wärme des Vorfrühlings vermitteln.
Ein Landschafts-Ikebana im Sommer (etwa Mitte Mai bis Ende August) bringt Wasserpflanzen. Sie vermitteln kühle Impressionen, die im schwülen Sommerklima Japans besonders geschätzt werden. Bei diesen Gestaltungen dominieren Iris, Kalla, Lotos, Binsen und Seerosen als Material für Seelandschaften. Wir benötigen hierzu kein Moos wie in den anderen Jahreszeiten; denn vor allem soll das Wasser zu sehen sein und nicht verdeckt werden. Eine Binse wird abgeknickt. Vielleicht hat ein Vogel darauf gesessen und sie beim Abflug abgebrochen.
In der Schmucknische hängt hinter dem Ikebana ein Rollbild, das einen Fisch zeigt.
Landschafts-Ikebana werden von der Ohara-Schule wie folgt eingeteilt:
- Traditionelle Landschaften *(Yoshiki shakai)*
- Realistische Landschaften *(Shakei shajitsu)*
- Nicht-Realistische Landschaften *(Shakei jôkei)*

Traditionelle Landschaften werden nach Regeln gestaltet, die seit über 100 Jahren entwickelt worden sind und den Aufbau der Anordnung wie das Material festlegen. Dabei unterscheidet die Ohara-Schule drei Formen:
Nahblick *(Kinkei)*, Mittelblick *(Chukei)* und Fernblick *(Enkei)*.
Beim Nahblick muß alles wie aus der Nähe zu erkennen sein, wie beim Blick über den Zaun in den Garten des Nachbarn. Hierbei werden ausschließlich Blumen, Gräser, Blätter genommen, die insgesamt länger sind. Auch Moos wird etwas höher angeordnet.
Beim Mittelblick ist die Distanz kürzer, wir nehmen die Blumen daher nun länger und gestalten Büsche und Sträucher nach.
Beim Fernblick wird die Landschaft so gestaltet, daß sie wie in der Ferne liegend erkannt wird, vielleicht als Berg mit

einer Kiefer oder dergleichen. Der Fernblick erinnert in gewisser Weise an Bonsai. Wir verwenden dabei gern Kiefer, Pflaume oder Kirsche. Die Einzelheiten treten hierbei weniger in Erscheinung, so daß die Blumen kurz gehalten werden müssen und nur ein kurzes Stück aus dem Moos herausblicken.
Traditionelle Landschaften sollen die Jahreszeit spiegeln. Das gesamte Pflanzenmaterial muß Frühling, Sommer, Herbst oder Winter repräsentieren. Es sollen auch nur solche Pflanzen genommen werden, die auf dem gleichen Boden wachsen. Bei den traditionellen Landschaften gibt es Land und Wasser. Das Land wird je nach der Jahreszeit meist mit Moos oder Farn abgedeckt. Im Winter sollte die gesamte Wasserfläche mit Moos abgedeckt werden, im Sommer wird hingegen viel Wasser gezeigt.

›Land- und See-Einteilung‹ nach Jahreszeiten bei Traditionellen Landschaftsgestaltungen

Jahreszeit	Land Moos *(Hikage)*	Wasser
Frühling *(Haru)*	⅔	⅓
Sommer *(Natsu)*	¼	¾
Herbst *(Aki)*	½	½
Winter *(Fuyu)*	¾	¼

Realistische Landschaften werden nach individuellen Vorstellungen gestaltet. Dabei ist es wichtig, daß das Charakteristische der einzelnen Blumen und Pflanzen herausgebracht wird. Wir müssen dabei den natürlichen Weg des Wachsens und den Hintergrund der Pflanzen mit in Betracht ziehen. So entsteht eine wirklichkeitsgetreue Darstellung der Natur in unserem Arrangement. Beim Aufbau wird die geneigte Form oder die Wasserfallform zugrunde gelegt. Beim Aufbau einer Seelandschaft sollte das Material tatsächlich vom Seeufer und aus dem See stammen, bei der Gestaltung einer Wiese und beim Gebirge entsprechend. Daher sind realistische Landschaftsarrangements vom Material her gesehen in Europa auch ohne Schwierigkeit zu gestalten.

Nicht-realistische Landschaften entstehen rein aus dem künstlerischen Gefühl des Gestalters. Dabei kommen Gräser, wilde Blumen, getrocknetes Material aller Formen und Farben kontrastreich zur Geltung. Linien werden gebeugt, gebrochen und gekreuzt. Die nichtrealistische Form gibt die Natur zwar durch Elemente aus der natürlichen Umwelt, aber in freier Gestaltung wieder. Zweige werden in- und übereinander spannungsreich gebogen.

Auch hierzu gehört viel Naturgefühl, aber zugleich eine phantasievolle Umsetzung von Eindrücken aus der Natur. Diese wird nicht gestaltet wie sie ist, sondern aus individueller Sicht des Gestalters in eine von ihm konzipierte Form gebracht.

Früher wurde in japanischen Ikebana-Schulen oft gesagt, Ikebana sei nicht mit den Händen, sondern mit den Füßen zu machen. Das ist zwar nicht wörtlich zu verstehen, es enthält aber den Grundgedanken, daß Wiesen und Felder durchwandert, Hügel und Berge bestiegen, Seen umlaufen und Wälder durchstreift werden sollten, bevor nach Auswahl entsprechender Blumen und Pflanzen dann die Gestaltung des Arrangements beginnen kann. Das ist heute kaum noch möglich, aber dieser Gedanke enthält im Kern das Prinzip der Ohara-Schule und den Leitgedanken auch anderer Ikebana-Kreise, daß sorgfältige Naturbeobachtung und Exkursionen vorausgehen sollten. Ein Meister sagte: »Die Blumenanordnung gibt die gute Erde wieder. Darum sollten die Blumen so angeordnet werden, als seien sie gerade aus der Erde gekommen und würden nun weiterwachsen.« Daher ist das Gefühl für die Natur eine der wichtigsten Voraussetzungen für unsere Landschaftsgestaltungen, denen wir uns nun zuwenden wollen.

Lektion 16: Traditionelle Landschaft – Nahblick

Für diese Form haben wir eine besondere japanische Landschaft ausgesucht: Narzissen im Winter, für europäische Augen ungewöhnlich, denn die Narzisse ist keine Winterblume in Europa.

Traditionelle Landschaft – Nahblick

In China wird die Narzisse ›Blume im Schnee‹ genannt und wegen der Schönheit ihrer Blätter gerühmt. Sie wächst wild an den Küsten der Boso- und Izu-Halbinsel, wird *Suisen* genannt und bereits in der Literatur der Muromachi-Periode erwähnt. In Japan wachsen über einhundert verschiedene Arten der Narzisse, aber es werden nur vier für das Ikebana verwendet.

Wir nehmen für unsere Landschaft im Nahblick – also auf kurze Distanz – fünf Narzissen. Verwendet werden in der Regel entweder drei, fünf oder sieben. Wichtig sind vor allem die Blätter, die nach fast extrem festgelegten Regeln in die Blättergruppierung eingeordnet werden.

Als Subjekt nehmen wir eine Narzisse mit folgenden Abmessungen: Durchmesser des Behälters + seine Höhe. Unten besitzt die Narzisse ein weißes Band, das in Japan volkstümlich ›Bauchbinde‹ *(Hakama)* genannt wird. Wir versuchen durch Druck mit den Fingern, die Blätter und die Blume aus diesem Hakama zu ziehen, den wir in Wasser legen, damit er feucht bleibt.

Wir haben vier einzelne Blätter und eine Blüte. Nun versuchen wir, die vier Blätter in unterschiedlichen Längen wieder zu-

Stellung der Kenzan im Behälter

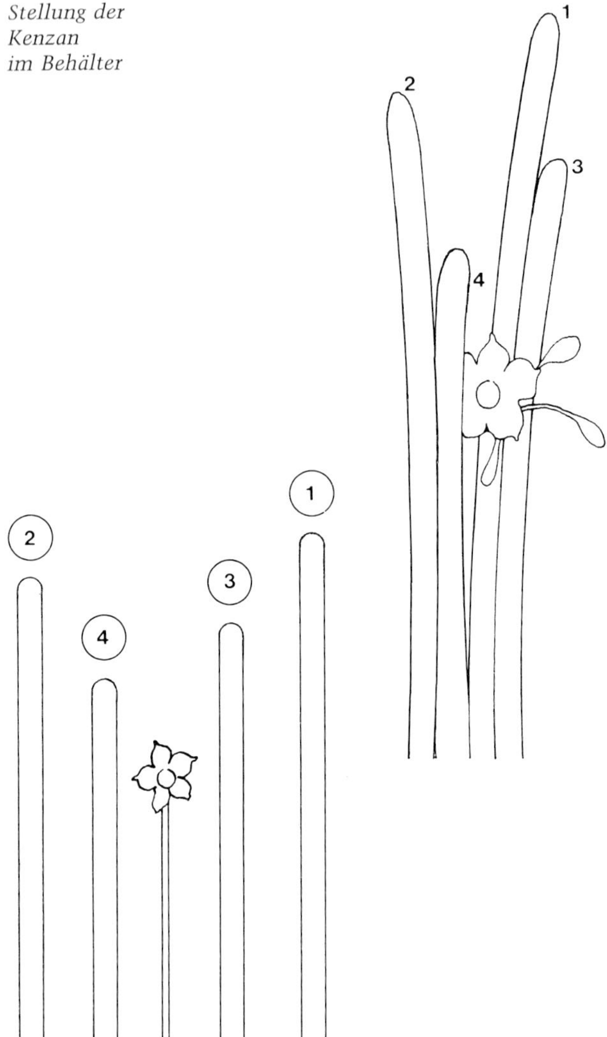

sammenzubringen, was aus der Skizze ersichtlich wird (s. Seite 132). Das längste Blatt ist Nummer 1 und zeigt uns das Gesicht, Nummer 2 ist das Blatt vorn, das dem Betrachter den Rücken zeigt, Nummer 3 ist wieder kürzer als 2, steht vor Nummer 1 und blickt uns an. Nummer 4 ist das kürzeste Blatt und zeigt uns den Rücken. Dazwischen setzen wir die Blume, aber kürzer als die Blätter, denn es ist Winter, und die Blüte steckt deshalb noch innerhalb der Blätter.

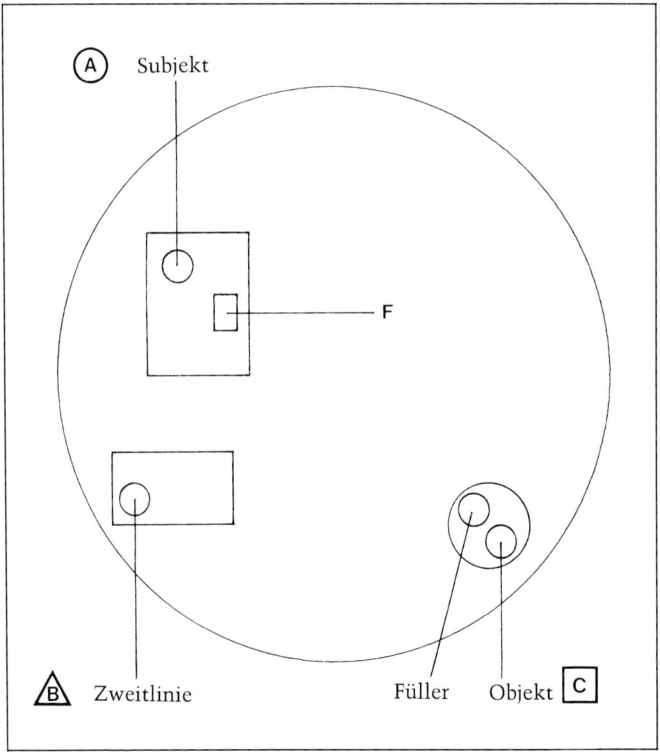

Nun versuchen wir die Gruppe in den Hakama zu schieben. Später muß er, wie auf dem Foto, aus dem Moos (= Bärlapp, *Hikage no kazura*) herausschauen. Der erste Füller (rechts neben dem Subjekt) erhält die Hälfte der Länge des Subjekts. Die Technik der Blätter gleicht der eben dargestellten. Die Japaner nennen diesen Füller das ›Baby‹ *(Aka-chan).* Auf einem zweiten Kenzan ordnen wir die Zweitlinie. Sie mißt etwa ⅔ des Subjekts.
Für das Objekt, das wir rechts in den Behälter ordnen, verwenden wir eine Narzisse und einen kurzen Narzissen-Füller. Die gesamte Anordnung wird gut mit Moos abgedeckt. Schließlich ordnen wir noch zwischen Objekt und Subjekt eine Gruppe kleiner Chrysanthemen *(Kiku).*
Die Erscheinungsform dieser traditionellen Landschaft im Nahblick wirkt fast streng, sie soll elegant aussehen.
Der zweite Name für die Narzisse in China klingt sehr poetisch. Sie heißt dort nämlich ›Goldene Weinschale mit einem silbernen Fuß‹.

Lektion 17: Traditionelle Landschaft – Mittelblick

Bei dieser traditionellen Landschaft im Mittelblick, die wir im Frühling gestalten, haben wir eine Land- und eine Wasserseite aufzunehmen. Das Material ist wilde Himbeere *(Kiichigo),* japanische Iris *(Kakitsubata)* und Bärlapp *(Hikage no kazura).*

Wichtig für alle Landschaftsgestaltungen ist die Beachtung der Jahreszeit, das heißt, alle Pflanzen müssen aus der gleichen Jahreszeit kommen. Die Iris wächst wild in Japan, in China und in Teilen von Sibirien dort, wo es feucht ist. Sie blüht schon im Frühling, ihre Hochblüte hat sie im mittleren Sommer. Sie ist ein Motiv der Malerei, so zum Beispiel in den Wandschirmen von Kôrin Ogata (s. Rinpa-Gestaltung), wie auch in der Literatur. Beim Ohara-Ikebana ist sie wohl die wichtigste Wasserpflanze. In den Monaten Mai und Juni werden beim Ikebana viele Blattpflanzen eingesetzt, die wir Europäer oft nicht kennen. Die Arbeit mit ihnen ist schwierig und setzt hohes technisches Können voraus.

Traditionelle Landschaft – Mittelblick (Mai 1982)

Beim traditionellen Ikebana, vor allem beim Rikka der Ikenobô-Richtung, wird dieses Blattmaterial viel verwendet. Dabei wurden Pflanzengruppen *(Ha-gumi)* aufgebaut. Aber hier gilt verstärkt, daß ohne eine ausgefeilte Technik die japanische Iris kaum attraktiv in eine Ikebana-Anordnung einzubringen ist. In traditionellen Landschaftsanordnungen gibt es sechs Perioden für die Verwendung der Iris: früher Frühling, Frühling, früher Sommer, Sommer, Herbst und später Herbst. In Japan wird auch noch eine Unterscheidung zwischen weiblicher Iris *(Kakitsubata)* und männlicher Iris *(Hanashobu)* getroffen, was die Beliebtheit dieser Blume noch unterstreicht.

Bei der Gestaltung unserer Landschaft verwenden wir Shippo (s. Seite 137). Arbeiten im Shippo sind nicht einfach und setzen neben langer Übung auch ein technisches Gefühl voraus.

Für die Landseite benutzen wir bei unserer abgebildeten Landschaft jedoch einen Kenzan. Die Stellung der Shippo und Kenzan und die Anordnung verschiedener Blattgruppen gehen aus der Skizze hervor. Wir verwenden Zweige der Himbeere, die in geneigter Form aufgebaut werden. (Wir können die Landseite aber auch in der aufrechten Form gestalten.)

Bei Landschaftsarrangements sind die Maße und Längen nicht das Primäre. Wichtig ist vor allem das Gefühl für die Pflanze und ihr Wachstum. Unsere Himbeere hat nur wenige Blätter, sie ist im Frühling fast kahl. Die Zeit ist noch sehr früh. Unten am

Stellungen von Kenzan und Shippo in der Schale und Anordnung verschiedener Blattgruppen Oben: Stellung des Kenzan und der Shippo-Zweiergruppe (links) und der Shippo-Dreiergruppe (rechts) Unten: Shippogruppen im Detail: zwei Shippo (links) mit Blattgruppierungen von 2 und 5 Blättern; drei Shippo (rechts) mit Bastbindung der Shippo untereinander mit Blattgruppierungen von 2 × 2 (links), 2 × 2 (rechts oben) und 1 × 5 Blättern (rechts unten)

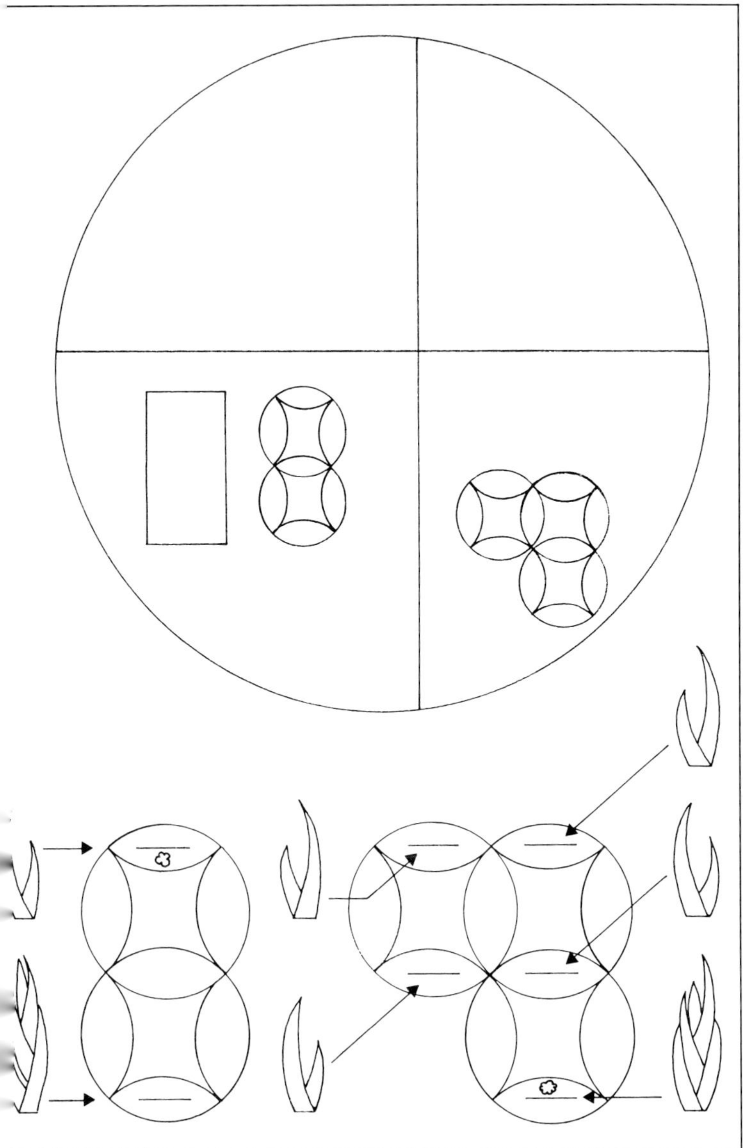

Boden ordnen wir deshalb noch einige Blätter ein, so daß das Gefühl entsteht, hier wäre ein Busch. Den Boden füllen wir mit Moos aus.
Für die Irisgruppen sind die Gruppierungen der Blätter besonders wichtig. Die Technik läßt sich hier nur andeuten. Sie kann eigentlich nur in der Ikebana-Praxis durch viel Übung erlernt werden.
Im Vordergrund haben wir 2 × eine Fünferblattgruppe, dahinter Zweierblattgruppen. Die Spitzen der Blätter müssen sich ansehen. Blumen sind in dieser frühen Zeit noch kürzer als die Blätter, im Sommer sind die Blüten dagegen länger als die Blätter.
Um die Vielfalt der Blätter verstehen zu können, muß der Ikebana-Student die Formen der Blattanordnungen in der Natur studieren, was nicht einfach ist, speziell wenn im Spätherbst die Blätter braun werden. Danach beginnt die stille Zeit der Natur. Oft wird gesagt, die Schönheit der Natur sei während dieser Zeit vergangen. Aber wer die Iris kennt, der weiß, daß sie sich nur verbirgt.
Dieses Ideal der Schlichtheit beim Ikebana zum Ausdruck zu bringen, ist eine große Kunst und erinnert uns an die oben erläuterten ästhetischen Kategorien der japanischen Kultur: Sabi und Wabi. Das Gefühl für diese Grundprinzipien der japanischen Kunst ist im gesamten Leben des Landes verborgen und öffnet sich nur demjenigen, der sich intensiv mit einer der Künste und ihrem kulturhistorischen Hintergrund beschäftigt.

Lektion 18: Traditionelle Landschaft – Fernblick

Dieses Arrangement im Fernblick folgt dem traditionellen Weg der Landschaftsgestaltung. Wir reproduzieren damit eine Naturszene in unserer Wohnung. Die Liebe zur Natur ist bei dieser Form ein wichtiger Faktor. Eigentlich ist diese Form weder dekorativ noch farbenfroh, doch sie vermittelt das Gefühl des Ruhe. Wir müssen bei der Gestaltung dieses Fernblicks die Impression haben, wir würden einen Pflaumenbaum sehen. Dieses Gefühl ist wichtiger als alle Pracht.

Wir verwenden zwei Shippo, einen Dreierring und einen Einerring. Da wir die Anordnung im Fernblick gestalten, müssen wir von dem Gedanken ausgehen, daß der Pflaumenbaum in einiger Entfernung vom Betrachter steht.

Um das Gefühl des Baumes zu vermitteln, schneiden wir einen dickeren Teil des Pflaumenzweiges *(Ume)* ab, der ungefähr die halbe Länge des Behälters besitzen muß. Der Stock wird unten schräg angeschnitten, so daß er gut in den Shippo paßt. Wir schneiden diesen Stock etwas an, so daß er sich leichter biegen läßt, damit er die gewünschte Form erhält (auf unserem Foto ist diese Biegung nicht zu erkennen). Die Position im Shippo ist aus der Skizze zu ersehen.

Das Subjekt wird dahinter eingeordnet, als würde es aus dem Stamm wachsen. Der Pflaumenzweig hat noch wenige Blüten,

denn es ist Vorfrühling. Die Zweitlinie wird fast so lang genommen wie das Subjekt und steht links vom Stamm. Damit es aber so aussieht, als würde dieser Zweig aus dem Stamm wachsen, biegen wir den Zweig nach etwa zwei bis drei Zentimetern, so daß er am Stamm anliegen kann. Auf halber Länge biegen wir ihn abermals. So erhält er eine natürliche Form. Vorn haben wir noch einen kurzen Füller, der in das Zentrum läuft. Er sollte nach Möglichkeit Blüten haben.

Traditionelle Landschaft – Fernblick (Februar 1982)

Jetzt können noch weitere Füller eingesetzt werden, damit die Erscheinung eines Baumes entsteht.

Für das Objekt nehmen wir Raps *(Nanohana)*. Es ist die Blume für das japanische Mädchenfest (auch Puppenfest genannt: *Hino Matsuri*), das am 3. März jeden Jahres gefeiert wird. Die Blume des Knaben ist die Iris *(Hanashobu)*.

Bei diesem Landschaftsarrangement im Fernblick müssen die Blumen kurz gehalten werden, weil wir sie auf weite Distanz sehen müssen.

Als Objekt haben wir drei Blumen in verschiedenen Höhen vorgesehen, dazwischen noch ein Blatt oder zwei Blätter vom Raps. Auf dem linken Hauptshippo wiederholen wir den Raps, allerdings sind diese beiden Blumen noch kürzer als die Objektgruppe.

Danach werden Teile des Behälters mit Moos bedeckt, das heißt, nur das Land wird bedeckt. Es ist Vorfrühling und daher werden ⅔ der Schale mit Moos bedeckt. Diese Abdeckung soll wie eine Bucht aussehen.

Das Moos sollte nach etwa drei oder vier Tagen wieder herausgenommen und gut ausgewaschen werden, damit es länger frisch bleibt.

Die traditionelle Landschaft im Frühling kann mit folgenden Materialien arrangiert werden:

1 Pflaume im Fernblick

2 Aufbau des Arrangements: Stellung der Shippo, Land und Wasser

3 Seitenansicht mit Baumstamm, Subjekt und Zweitlinie im Shippo

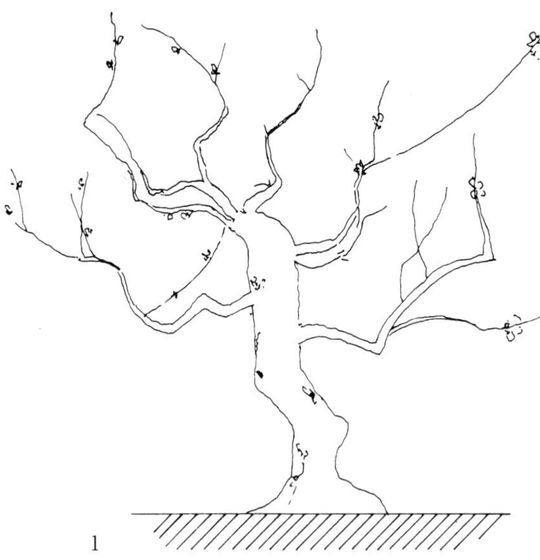

1

Kleine Kiefer – japan. Azalee – Moos
Pflaume – japan. Azalee – Moos
Kirsche – japan. Azalee/Aster/Raps/Iris – Moos
Das sind nur wenige Beispiele, so läßt sich auch Weide verwenden, zusammen mit Iris und Bärlapp.

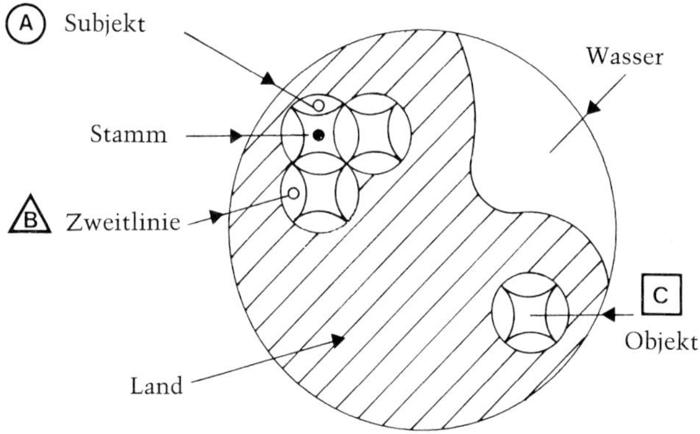

2

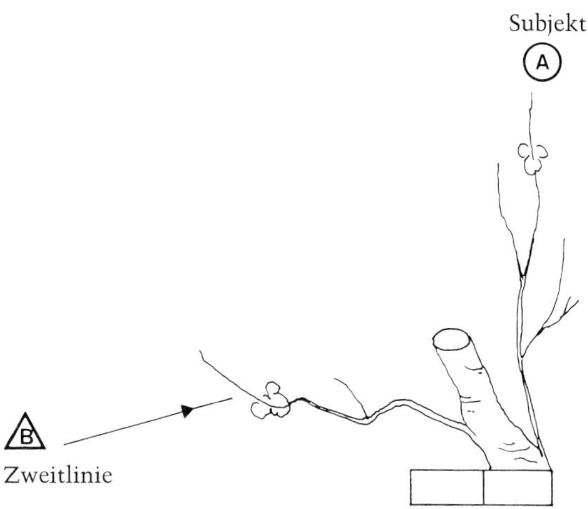

3

Lektion 19:
Realistische Landschaft –
Frühling

Realistische Landschaft – Frühling: ›Landschaft am Azusagawa-Fluß bei Kamikôji‹. Ausstellung Tokio Founding Chapter Ikebana International, Tokio Februar 1981

Landschaften dieser Art können wir nach verschiedenen Vorbildern gestalten, rustikal, wild, still oder auch in völlig anderen Formen.

Wenn wir unsere Landschaft betrachten, so sollte sich das Gefühl einstellen, wir würden durch einen Wald laufen oder durch die Felder wandern. Jede dieser Landschaften ist eine Welt für sich. Wir müssen versuchen, unsere Augen in der Natur für solche Anordnungen zu schulen, wofür es keine Regeln gibt. Wenn wir das Material in der Natur suchen, dann sollten wir nur das auswählen, was zusammen wächst, das heißt, wir können keine Blumen vom Strand in eine Gebirgslandschaft einbringen und umgekehrt. Wir suchen auch Holzstücke, Baumrinde, Moos, Wurzeln und Steine.

Unser Foto zeigt eine Gebirgslandschaft im Vorfrühling. Das Material hierzu haben wir selbst in der Alpenlandschaft des Shinshû-Landes gesammelt, die der japanische Schriftsteller Yasushi Inoue in seinem Roman ›Die Eiswand‹ so eindrucksvoll geschildert hat. Eine alte Kiefer steht im Wind. Sie ist bemoost und vom Wetter mitgenommen. Dazwischen ein Pflaumenbäumchen. Der Frühling kündigt sich behutsam an. Das zeigen wir durch einige zarte Blüten. Moos wird zur Bodenbedekkung genommen, dazwischen kommen einige Azaleen. Es soll der Eindruck entstehen, als würden die Pflanzen wachsen. Diese Stimmung können wir der Natur ablauschen und in unserem Arrangement wiedergeben.

Lektion 20: Realistische Landschaft – Sommer

nsere realistische Sommergestaltung ist eine Gebirgslandschaft. Die japanischen Alpen mit ihrer einmalig und von Ausländern kaum erschlossenen Natur haben uns immer wieder angezogen. Wir erreichten schließlich unser Ziel und konnten hier vier Jahre leben. Auf der Fahrt nach Takayama, das ›Klein-Kyoto‹ Japans genannt, mußten wir, von Matsumoto kommend, einen hohen Gebirgspaß überqueren. Hier oben sammelten wir Wurzeln und nahmen eine davon in unsere Landschaftsgestaltung. Sie ist im Hintergrund des Arrangements zu erkennen. Es handelt sich um eine Wurzel des in Japan sehr geschätzten Keyaki-Baumes. Außerdem verwendeten wir Heidelbeere *(Natsuhaze)*, Lilie *(Yuri)*, Naruko-Lilie *(Naruko-yuri)* und Aster *(Miyako wasure)*.

Realistische Landschaft – Sommer: ›Gruß aus den Shinshû-Bergen‹ an den 4. Welt-Kongreß von Ikebana International, Ausstellung Tokio, Juni 1981

Im Sommer sind Gebirgslandschaften sehr beliebt. Dazu werden verschiedene Materialien benötigt, die nur in dieser Jahreszeit zu finden sind. Das ist auch der Grund für die Schwierigkeit einer Beschreibung der klaren Linien dieses Arrangements, so daß wir den Charakter jeder Pflanze und Blume herausarbeiten müssen.

Wir verwenden vor allem viel Grün, denn es vermittelt den Eindruck von Frische und Kühle, da der Sommer in Japan sehr heiß und oft schwül ist. So fühlen wir bei der Betrachtung dieser Gebirgslandschaften die Kühle der Bergwege, als würden wir über diese Pfade im hohen Gebirge wandern. Die Betrachtung einer solchen Landschaft zwingt fast zur Beschaulichkeit, und sie lehrt uns die Linien der Zweige zu betrachten, was ein Erlebnis der Stille vermittelt.

Lektion 21: Realistische Landschaft – Herbst

Dieser Gestaltung einer realistischen Herbstlandschaft liegt eine geneigte Form zu Grunde.

Die Blätter der japanischen Mahonie *(Hiiragi-nanten)* sind besonders schön, da sie vom Herbst zum Winter verschiedene Farben entwickeln und sich nach allen vier Seiten ausdehnen.

Die geöffnete weiße Kamelie *(Shiratama-tsubaki)* zusammen mit den Azaleen *(Kinkôka-tsutsuji)* vermittelt mit dem Blatt der Funkie *(Giboshi)* eine herbstliche Stimmung: Der Sommer ist vorbei, nun wehen bereits die ersten kalten Winde durch das Land. Auch die Narzisse *(Suisen)* kündigt die neue Jahreszeit an, da sie im Herbst in Blüte steht und darauf verweist, daß der Winter bald vor der Tür stehen wird.

Realistische Landschaft – Herbst: ›Meguro-Gartenszene im Herbst‹. Ikebana-Einzelausstellung beim Kultur-Festival der Stadt Tokio-Meguro September 1980

Hildegard Wittig
Ohara

Lektion 22: Realistische Landschaft – Winter

Realistische Landschaft – Winter: ›Winter in Asama-Onssen‹. Ausstellung Tokio Founding Chapter Ikebana International, Tokio Februar 1982

Bei dieser realistischen Landschaft verwenden wir Kamelie *(Yabu-tsubaki)*, Buchsbaum *(Tsuge)* und Pflaume *(Ume)*. Wir versuchen die Landschaft so darzustellen, wie sie wirklich erscheint, das heißt, ohne sie zu verschönen.

Zunächst sollte, wann immer das möglich ist, ein vergleichbarer Naturausschnitt an Ort und Stelle aufgesucht werden, so daß auch die umgebende Natur studiert werden kann.

Immer haben wir aus den japanischen Alpen frisches Material zur Ikebana-Arbeit nach Tokio mitgenommen, und da nicht alles in die jeweilige Landschaftsgestaltung einbezogen werden kann, wurde es dann für andere Arrangements benutzt.

Das Foto stellt ein Stück einsamer Natur im Winter dar. Der Betrachter meint, die Pflaume sei gestorben. Ein Zweig ist abgebrochen und mutet wie das Symbol einer rustikalen Winterlandschaft an. Einige Blüten unten am Pflaumenbaum scheinen zu erzählen, daß der Frühling nicht mehr weit ist. Der Wind weht noch bitterkalt durch den Baum, aber die rote Kamelienblüte läßt einen Hauch der künftigen Frühlingswärme verspüren.

Statt Moos wird hier für den Untergrund Buchsbaum verwendet, der hoch und niedrig im Wechsel eingesetzt wird. Auch hier ist das Gefühl für die Jahreszeit sehr wichtig.

Lektion 23: Nichtrealistische Landschaft – Winter

Wir haben für unsere nichtrealistische Landschaft (auch ›non-realistic‹ genannt) den Winter ausgewählt. Aus den vorangehenden Landschaftsgestaltungen traditioneller und realistischer Art ging hervor, daß damit immer ein Stück der Natur eingefangen wurde, so wie sie in Wirklichkeit war. Bei der nichtrealistischen Gestaltung werden zwar auch Teile der Natur in einem Arrangement zusammengebracht (Zweige, Blumen, Holz u. a.), aber diese Einzelteile müssen nicht aus einer natürlichen Einheit stammen und können kombiniert werden. Charakteristisch für die nichtrealistische Gestaltung ist die Verwendung von Material unabhängig von der Jahreszeit und die Einbringung künstlichen Materials aller Art in gekonnter Kombination. Im Grund steht dieses Gestaltungsprinzip im Gegensatz zu den anderen Landschaftsgestaltungen, bei denen die Verwendung jahreszeitlichen Materials unbedingt erforderlich ist. Bei der nichtrealistischen Landschaft wird die Fixierung auf eine bestimmte Jahreszeit ausgeschlossen.

Nicht-realistische Landschaft: ›Hayama no yuki – Hayama im Schnee‹. Weihnachtsausstellung in der Deutschen Schule Tokio Dezember 1981

Die Gestaltungsidee ›Hayama im Schnee‹ ist mehr oder weniger eine Impression, die nicht auf ein realistisches Bild der Küstenlandschaft bei Hayama zurückgeht, sondern nur Elemente oder die Stimmung von dort aufnimmt. Es wäre also denkbar, diese Stimmung in der Form einer realistischen Landschaftsanordnung aufzufangen, indem sie ein Stück aus dieser Küsten- und Felsenlandschaft wiedergibt. Im Sinne des nichtrealistischen Gestaltungsprinzips dürfen es nur die Elemente dieser Naturszene sein, die mit anderen Materialien gemischt werden.

Wir haben folgende Materialien ausgewählt: Quitte *(Boke)*, Chrysantheme *(Kiku)*, Aloe *(Aroe)*, Straußfarn *(Gansaku)*, Kamelie *(Yabu-tsubaki)*. Zur Andeutung von Schnee verwenden wir Baumwolle *(Watta)*, die in Flocken eingebracht wird und tatsächlich wie Schnee wirkt.

In der Gestaltung erkennen wir abgebrochene, umgeknickte Zweige, wie sie in der wilden Natur vorkommen, keine gehegte und gärtnerisch gepflegte Landschaft. Die Zweige des Straußfarn sind wie vom Wind der Küstenlandschaft umgebogen, die Quitte überragt in einigen langen Linien die Landschaft. Ahnt man noch den letzten Taifun, der über dieser Gegend niedergegangen ist und viel zerstört hat? Nur die rote Kamelie und einige Chrysanthemen bringen etwas Farbe in unser Arrangement. Schnee lastet auf den Zweigen und Blättern. Auf der Miura-Halbinsel wächst die Aloe, die wir in Hayama in großen Exemplaren finden, auch vor unserem dortigen Sommerhaus. So bringen wir auch die Aloe in die Gestaltung ein.
Trotz der vielen Linien und Materialien muß die nichtrealistische Landschaft eine Form bewahren, doch setzt das Erkennen Verständnis für die vielgestaltige japanische Landschaft voraus und eine wohlüberlegte Auswahl des Materials. In Europa sind Gestaltungen dieser Art sicher sehr schwierig, und wir benötigen viel Zeit zur Auseinandersetzung mit dieser ungewöhnlichen Ikebana-Form.
Unsere Anordnung ›Hayama im Schnee‹ erinnert an den Küstenort mit bizarren Felsen auf der Miura-Halbinsel südlich von Tokio. Das Fischerdorf Hayama ist nicht zuletzt durch die dort befindliche Sommervilla des Tennô bekannt, der hier gern seinen meeresbiologischen Forschungen nachgeht und die Abgeschiedenheit des Küstenortes mit seiner reichen Natur liebt.

Bilder-Trend-Ikebana

Das Bilder-Trend-Ikebana *(Shinshô-sôka)* kennt zwei Formen: Rinpa und Bunjin. Rinpa wird (oft auch Rimpa geschrieben) nach gemalten Vorlagen (Bilder, Rollbilder, Wandschirme aus der bildenden Kunst), Bunjin nach literarischen Vorbildern (meist aus der chinesischen Poesie) gestaltet. Die englische Bezeichnung ›Image-Trend-Ikebana‹ wird in unserem Falle der Blumenkunst am besten mit Bild oder Vorstellung (Image) übersetzt, Trend kann in diesem Sinne eine künstlerische Richtung sein. Es schien uns sinnvoll, den Begriff ›Bilder-Trend-Ikebana‹ zu verwenden. Doch reichen auch die beiden Begriffe Rinpa und Bunjin aus, sie sind in der Ikebana-Welt bekannt.

Zum Rinpa, dem Bilder-Trend-Ikebana nach gemalten Vorlagen, werden künstlerische Gestaltungen aus der Malschule von Kôrin Ogata und anderen Künstlern als Grundidee ausgewählt. Vor allem die berühmten Wandschirme (Byôbu), auch Screens genannt, die im japanischen Haus zum Schmuck und zur Unterteilung der Tatamiräume benutzt werden und meist als Paar hergestellt wurden, dienen als Vorlage für Rinpa-Gestaltungen. Diese Wandschirme besitzen in der Regel zwei, sechs, manchmal auch acht Flügel. Einer der größten Künstler in dieser Richtung der japanischen Malerei war Kôrin Ogata (1658–1716). Sein Bruder Kenzan Ogata (1663–1743) ist unter anderem auch als Schöpfer von Wandschirmen und als Meister der Fächerbemalung bekannt. Sein Hängerollbild *(Kakemono)* ›Blumenkörbe‹ wird in der Ikebana-Welt sehr geschätzt. Diese und andere Vorlagen der Malschule von Kôrin haben das Bilder-Trend-Ikebana inspiriert.

Dietrich Seckel schrieb über Kôrin, er habe »im Gefolge von Kôetsu und Sôtatsu, seinen Vorläufern im frühen 17. Jahrhundert, in die japanische Malerei eine überaus delikate, ja raffinierte Stilisierung und einen poetischen Symbolismus eingeführt und zugleich eine monumentale Auffassung der Motive, eine überaus strenge, doch elegante Bildfügung, eine dekorative Simplizität der Formensprache und eine leuchtende Schönheit des ebenfalls stark vereinfachten Kolorits«. Wir folgen Seckel in dieser Auffassung, da Kôrin zu einem der »großen Anreger des modernen Symbolismus und des Jugendstils« wurde, vor allem aber ist er bis zur Gegenwart ein Vorbild für die Rinpa-Form des Ikebana.
Das Rinpa der Ohara-Schule wurde von den Wandschirmen und Bilderrollen der Ogata-Malschule beeinflußt und wird nur vor diesem Hintergrund verständlich. Die Malerei dieser Richtung zeigt Motive aus der Natur, Pflanzen und Blumen wie Lotos, Iris und viele andere. Berühmt sind die Wandschirme von Kôrin mit den Irisbeeten, die im Nezu-Museum Tokio-Aoyama zu sehen sind, beinahe in der Nachbarschaft der Ohara-Schule.
Das Rinpa darf jedoch die gemalte Vorlage nicht kopieren, sondern es muß mit dem Bildwerk zu einem Gesamtkunstwerk verschmelzen. Die Malereien von Kôrin Ogata, Sôtatsu Tawaraya, Soetsu Honami und anderen inspirierten die Ikebana-Meister. Wer diese Malerei nicht kennt, der wird kaum ein Rinpa gestalten können; denn es muß nach den gleichen Elementen des künstlerischen Ausdrucks geforscht werden, die der Maler zeigen wollte. Als Beispiel für eine ähnliche Beeinflussung des Ikebana durch die Kunst der Edo-Zeit kann die Shijo-Schule gelten, die von Okyo Maruyama repräsentiert wurde. Er malte viele Blumen in extrem realistischer Gestaltung. Die von ihm gemalte Visteria ist in ihrer eleganten Linienführung ein Vorbild für Moribana und Landschaftsarrangements.
Beim Rinpa kommt es jedoch nicht auf die Realistik an, sondern auf die Schönheit der Blumen, wie es unser Foto zeigt (s. Seite 158).

Lektion 24: Rinpa – Bilder-Trend-Ikebana nach gemalten Vorlagen

Das Rinpa wurde durch Hôun Ohara in die Ikebana-Welt eingeführt. Der Meister ließ sich durch gemalte Vorlagen der sogenannten Kôrin-Schule inspirieren, die außerordentlich dekorativ sind, voller Designs und die Blumen aller Jahreszeiten verwendet. Das Rinpa im Bilder-Trend-Ikebana muß versuchen, dem Weg der Maler, das heißt, der gemalten Vorlage zu folgen bzw. mit dieser zu einer künstlerischen Einheit zu verschmelzen. Daher wird das Material verwendet, das sich auf den Vorlagen (Wandschirme, Rollbilder, Fächer u. a.) findet. Das Arrangement muß niedrig gehalten und – ohne Tiefe – nach beiden Seiten ausgebaut werden.
Wichtig ist der Raum, der in japanischen Kunstwerken immer eine Rolle spielt. Dieser leere Raum ist in die Gestaltung mit einzubeziehen, was genauso auch für das Ikebana gilt.
Rinpa wird nicht durch starre Regeln bestimmt und ist nur im weit fortgeschrittenen Stadium der Ausbildung vorgesehen. Wir bringen es hier – wie auch das Bunjin – nur der Vollständigkeit halber und um einen Überblick zu geben.
Erforderlich ist ein schmaler, langgestreckter Behälter, weil das Arrangement nach beiden Seiten ausladen muß. Die Länge des Materials ist begrenzt, denn es muß kurz sein. Wir finden wohl die meisten Blumen, die wir beim Ikebana verwenden, in den

Malereien der Kôrin-Schule wieder, die die Vorlagen für unsere Arrangements sind.
Wir müssen uns beim Rinpa von vielem befreien, was wir bisher im Ikebana-Unterricht gelernt haben, denn Rinpa hat: keine Tiefe, keine vorgeschriebenen Längen, überwiegend Blüten, wenig Knospen. Wir müssen immer wieder bedenken, daß Rinpa wie ein Bild wirken soll.
Die Maler brachten Farben in ihre Bilder. Wir verwenden die bunte Vielfalt der Blumen und nehmen Material aus allen Jahres-

Rinpa vor einem Wandschirm (Mai 1982)

zeiten, wenn das möglich ist. Auf jeden Fall lassen sich zwei Jahreszeiten überschneidend im Blumenmaterial erfassen, zum Beispiel Frühling und Frühsommer.
Rinpa ist ein Ikebana, das kaum durch ein Lehrbuch zu erfassen ist. Dazu kommt erschwerend hinzu, daß die Kunst der Wandschirmmalerei in Europa kaum bekannt ist, einmal abgesehen von einigen hervorragenden Sammlungen japanischer Wandschirme. Eine davon ist zum Beispiel die im Kölner Museum für Ostasiatische Kunst. Es sind Stell- oder Wandschirme aus dem Besitz von Professor Dr. Fischer, der sie von längeren Japan-Aufenthalten mit nach Köln brachte. Kein ernsthafter Ikebana-Student sollte es versäumen, diese Wandschirme im Kölner Museum zu studieren. Außerdem ist der von Edith Dittrich betreute Katalog ein ausgezeichnetes Anschauungsmaterial.
Bei unserem Arrangement haben wir aus einem Landhaus in Karuizawa, Nagano-ken, einen bescheidenen Wandschirm aus Privatbesitz entliehen. Dieser Wandschirm ist niedrig und verlangte daher ein Arrangement in einer Schale, während für hohe und mehrflügelige Wandschirme zwei oder auch mehr Behälter genommen werden.
Der Wandschirm enthält einen Schriftzug ›Bild mit Päonien im Stil der südchinesischen Malschule Nan-shi-ga‹. Der Name des Künstlers ist Itsu Sai San Jin. Die beiden Stempel unter der Signatur zeigen den Namen Ogiwara Hôyô (wahrscheinlich der bürgerliche Name des Künstlers; oberer Stempel) und den Namen Sayû Shosen

(wahrscheinlich der Name des Mäzens oder Erstbesitzers/Auftraggebers; unterer Stempel). Ein Datum ist nicht angeführt, wahrscheinlich handelt es sich um eine Arbeit Ende des 19. Jahrhunderts (erste Meiji-Zeit).

Auf dem rechten Flügel des Schirms (mit Signatur, Titel und Stempel) sind Päonien (Pfingstrosen; *Botan*) abgebildet. Auf dem linken Flügel sind Kobusmagnolien *(Kubashi)* und der aus China stammende Nagasaki-Apfel *(Kaidô)* zu erkennen. Alles in allem ein schmückender Wandschirm für den täglichen Gebrauch in einem japanischen Haus, der den Raum zu unterteilen vermag, als Schmuck vor eine Wand gestellt werden und als gemalte Vorlage für eine Ikebana-Gestaltung dienen kann.

Wir kennen Rinpa-Anordnungen mit drei und fünf Materialien. Da für den täglichen Gebrauch aber auch die Kosten der Blumen bedacht werden müssen und diese auch in Japan immer teurer werden, verwenden wir nur drei Materialien. Auf dem Wandschirm spielt die Päonie eine dominierende Rolle, so daß wir vor allem Päonien als Entsprechung zur Vorlage verwenden.

Weiteres Material ist japanische Iris *(Kabitsubata);* sie nehmen wir für die Wasserseite, während wir für die andere Seite Päonien und Naruko-Lilien *(Naruko-yuri)* verwenden, insgesamt also Blumen voller Farbe in der Bewegtheit ihrer Blüte. Die Maler bevorzugten keine Knospen, da sie Spannung in ihre Bilder tragen wollten, das heißt Bewegung, die sich beiden Seiten mitteilt.

Rinpa-Gestaltungen verlangen ein starkes Einfühlungsvermögen und künstlerische Gestaltungskraft. Ohne einen Wandschirm wird ein Rinpa kaum wirken. Beim Unterricht in Europa können wir uns mit Faksimile-Fotovorlagen behelfen. In der Deutschen Kadô-Schule stehen jedoch einige Original-Wandschirme für den Unterricht und für Ausstellungen und Demonstrationen zur Verfügung. Aber auch mit Fächern kann gearbeitet werden, die sorgfältig ausgewählt werden müssen.
Rinpa wird nur in der Ohara-Schule unterrichtet und ist meist der Abschlußteil bei den Demonstrationen der Ohara-Meister. Ein Monumental-Rinpa gestaltete Professor Natsuki Ohara auf der Bühne im American-Club in Tokio im Sommer 1981. Wandschirm und Ikebana bilden eine in sich geschlossene künstlerische Einheit, ja ein Gesamtkunstwerk besonderer Art.

Lektion 25: Bunjin – Bilder-Trend-Ikebana nach literarischen Vorlagen

Auf einem Wandschirm *(Byôbu)* von Yanagizawa Kien (1706–1758) kann der Betrachter ein Ikebana-Arrangement entdecken. Es ist im Bunjin-Stil gestaltet. Der Maler hat es mit feinen Pinselstrichen auf Seide gemalt. Das in der Sammlung Shohei Kumita in Tokio befindliche Kunstwerk mutet chinesisch an. Bunjin, auch Literati-Stil genannt, ist natürlich und individuell gestaltet.

Gelehrte Literaten (Literati) nahmen in China und Japan unterschiedliche soziale Stellungen ein. Die Malerei aus diesen Kreisen ist sehr differenziert. Wahrscheinlich haben chinesische Literaten zuerst in der T'ang-Zeit mit dem Arrangieren von Blumen begonnen, damit aber noch keine eigentlichen literarischen Arrangements geschaffen. Es ist aber für das gegenwärtige Bunjin nicht unwichtig, sich dieser chinesischen Ursprünge zu erinnern, da die Literaten und Gelehrten in China auf diese Weise ihre Bewunderung für die Blumen- und Pflanzenwelt zum Ausdruck gebracht haben. Das belegen verschiedene Poeme aus dieser Zeit. In der Kamakurâ- und Muromachi-Zeit der japanischen Geschichte reduzierte sich der Einfluß des chinesischen Blumenarrangements auf Japan immer deutlicher. In der Sammlung von Osamu Mitara in Tokio befindet sich ein Beispiel von Tanomura Chikuden (1777–1835) mit dem Titel ›Pflaumenblüten in einer Vase‹ aus dem Jahre 1833, das den Bunjin-Stil hervorragend repräsentiert. Der Bunjin-Stil forderte den schöpferischen Geist heraus und gewann großen Einfluß auf die Entwicklung des Ikebana nach 1868, vor allem in der Ohara-Bewegung.

Bunjin (November 1981) auf einem Untersatz aus Keyaki-Holz

Erste Voraussetzung beim Rinpa wie beim Bunjin sind neben der Kenntnis der kulturhistorischen Grundlagen vor allem künstlerische Phantasie und Ideenreichtum des Gestalters. Rinpa benutzt künstlerische Vorlagen aus der Malerei, Bunjin benötigt ein Vertrautsein mit den Werken der klassischen chinesischen Literatur.

Auch Bunjin-Arrangements werden wie Rinpa in der Ohara-Schule nach den individuellen Vorstellungen des Gestalters erstellt, gegebenenfalls auch ohne Rücksicht auf Ikebana-Regeln.
Die Ohara-Schule hat bestimmte Techniken und Formen des Bunjin entwickelt. Als Behälter werden antike Gefäße, Behälter aus Bronze, Steinware, chinesische Keramik, Porzellangefäße und auch Körbe eingesetzt. Darüber hinaus gestaltete die Ohara-Schule einige preiswerte Gefäße für Bunjin-Arrangements nach alten Originalen.
Beim Pflanzenmaterial arbeitet man gern mit Bambus, Strelitzen, Kiefer, Quitte, Azaleen, Weide, Kamelien, Narzissen, Chrysanthemen, Ahorn, Iris, Holz, Zweigen mit Früchten und seltenen Blumen.
Die Vasen benötigen eine Unterlage: ein altes chinesisches Tischchen oder ein Holzbrett aus Edelholz, es reicht aber auch ein getrocknetes Bananenblatt oder ein ähnliches Blatt.
Rinpa und Bunjin sind nicht für den Anfänger des Ikebana bestimmt, obgleich ihre Eleganz oft den Anschein der Leichtigkeit erwecken. Sie sind aber in der Regel Spitzenarrangements der Meister.
In öffentlichen Ausstellungen nehmen sie eine Sonderstellung ein und werden vom sachkundigen Publikum bewundert. Aber auch der Ikebana-Anfänger wird sich an ihnen erfreuen und sie als Vorbild nehmen.
Unser Foto zeigt ein Bunjin aus Granatapfel *(Zakuro)* und Kamelie *(Tsubaki)* in einer Ohara-Bunjin-Vase auf einem Brett aus Keyaki-Holz.

Gekreuzte Form und Freie Form

Mit diesem Kapitel unserer Ikebana-Praxis sind wir zwar noch nicht am Ende der Übung in der japanischen Blumenkunst, aber am Ende unserer Einführung in das Ikebana der Ohara-Schule.

Vielerlei ist in der Ohara-Schule derzeit in Bewegung, manche Neuerung steht bevor und zeigt den Gang der Entwicklung im Ikebana. Im Rahmen dieses Lehrbuchs müssen wir uns jedoch beschränken und können nur die Substanz bieten. So sollen hier noch zwei Formen folgen, die vor allem den jungen Menschen sehr gefallen, weil sie nicht an Regeln gebunden sind:

Gekreuzte Form (Crossing-Ikebana) und eine der vielen freien Formen.

Dabei ergibt sich ein breites Feld für eigene Experimente aller Art, denn Ikebana soll die Persönlichkeit des einzelnen auf keinen Fall einengen, sondern ihr neue Perspektiven vermitteln, wie sie die Blumenkunst bietet.

Lektion 26: Gekreuzte Form

Die gekreuzte Form ist kein grundlegender Stil, sondern eine Technik des Ohara-Ikebana. Wir haben den im Deutschen fest bestimmten Begriff des Stils *(Yoshiki)* möglichst vermieden, wo immer es sinnvoll schien, und mehr von Form *(Katachi)* gesprochen, da es sehr schwierig ist, aus der japanischen Fachliteratur zu einer einheitlichen Terminologie zu kommen.

Gekreuzte Form (Juli 1982)

Früher war im Ikebana eine Kreuzung der Zweige nicht denkbar. Aber schließlich setzte sich die Erkenntnis durch, daß sich die Zweige auch in der Natur kreuzen können. Ikebana sollte so natürlich aussehen, daß auch solche Kreuzungen aufgenommen werden konnten.

Wir sollten unserer Anordnung nicht zu viel Tiefe geben und auch nicht in die Breite gehen. Vor allen Dingen darf die Anordnung nicht symmetrisch angelegt werden. Symmetrie und Ikebana lassen sich kaum miteinander vereinbaren, wie unsere Skizze auf S. 168 zeigt:

Die zu symmetrische Anordnung (links) wirkt eiförmig. Richtig ist die unsymmetrische Anordnung der Zweige (rechts).

Das Subjekt ist bei unserem Arrangement eine Kalla *(Orandakaiu kara)*, die wir vorsichtig biegen. Sie hat einen weichen Stiel, so daß sie oft nicht in der gewünschten Position stehen will. Deshalb nehmen wir ein Stöckchen und stecken es in den Stiel der Kalla, die somit Festigkeit bekommt und sich gut im Kenzan hält.

Die Zweitlinie steht in Gegenposition und muß das Subjekt kreuzen. Alles steht im Kenzan dicht beieinander. Die Zweitlinie darf sogar länger sein als das Subjekt. Bei unserem Beispiel wurde sie etwas kürzer geschnitten. Die dritte Kalla ist ein Füller. Wir haben die Kalla von hinten nach vorn gebracht. Diese Anordnung erfordert viel Gefühl für die Pflanzen.

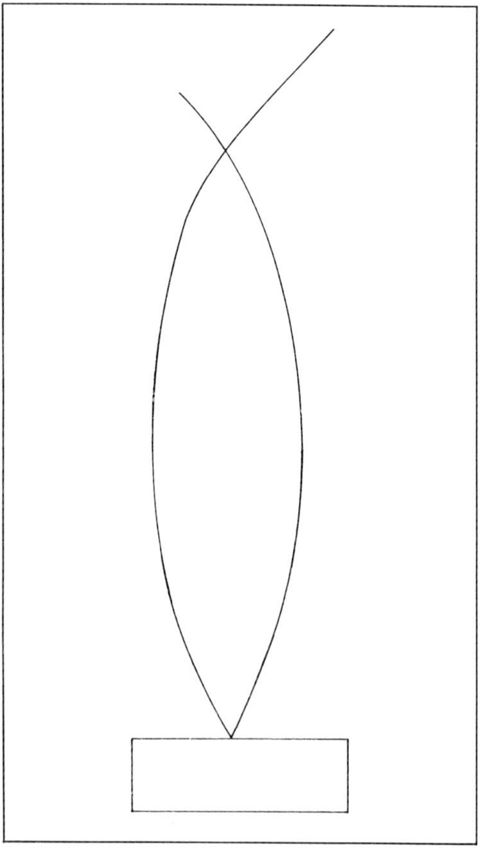

Falsch

Geißklee *(Enishida)* verwenden wir als zweites Material. Die Zweige des Geißklees kreuzen sich einmal untereinander und außerdem mit den Linien der Kalla. Wir nehmen Mimosen *(Akashiya)* als Objekt, die einen schönen Farbkontrast ergeben. Die Anordnung erscheint beim Betrachten so, als würde sie in einem Bilderrahmen stehen.

Richtig

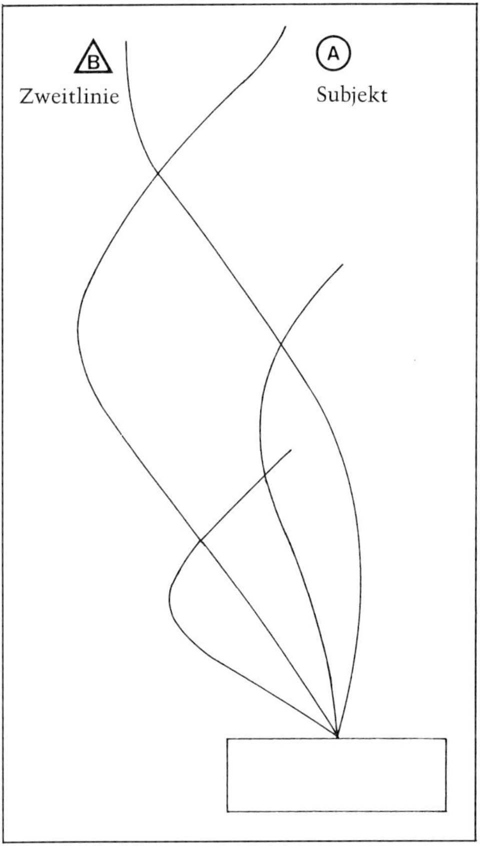

Lektion 27: Freie Form

Freie Formen werden in fast allen japanischen Ikebana-Schulen gelehrt und praktiziert. Bei diesen Formen wird eine freie Einstellung der Kunst und Natur gegenüber vorausgesetzt; denn diese Gestaltungen basieren auf der Intuition und auf dem künstlerischen Gefühl des Meisters. Gewisse Grundprinzipien werden jedoch durchgehalten, sie unterscheiden sich aber von der einen zur anderen Schule. Für die Ohara-Richtung des Ikebana gilt auch bei den freien Formen das Prinzip der Natürlichkeit, Naturverbundenheit, Naturnähe, was jedoch nicht bei jedem Arrangement durchgehalten werden muß. Abstrakte freie Gestaltungen mit Metall oder Plastikteilen oder ausschließlich mit solchen Materialien (ohne Blumen und Zweige) sind in der Ohara-Schule selten zu finden, außer ab und zu im experimentellen Versuch, während sie bei der im Ausland bekannten Sôgetsu-Richtung des Ikebana stark im Vordergrund stehen und auch die Ausstellungspraxis dieser Richtung bestimmen.

Freie Form: ›Sayonara Karuizawa – Auf Wiedersehen Karuizawa‹ (Juni 1982)

Im Grund sind freie Gestaltungen nach Auffassung der Verfasser noch nicht für Anfänger geeignet, da sie zu viel Technik und Materialverständnis voraussetzen, was erst das Ergebnis einer mehrjährigen Praxis sein dürfte. Der Anfänger sollte sich zuerst das gesamte Regelwerk aneignen und es ständig praktizieren, bevor er an die schwierige Aufgabe einer freien Gestaltung herangeht. Die Kenntnis des Regelwerkes

wird seine freie Gestaltung bereichern, denen der Betrachter oft nicht ansehen kann, daß eine lange Praxis die Voraussetzung ist. Freie Formen spiegeln die Eleganz und Vitalität der jeweiligen Ikebana-Richtung, aus der sie erwachsen sind. Sehr deutlich wird das auf Ausstellungen der klassischen Ikenobô-Richtung, die sich gegenwärtig sehr um moderne freie Gestaltungen bemüht und ausgezeichnete Resultate erzielt hat.
Wir setzen die freie Gestaltung bewußt an das Ende unseres Ikebana-Lehrgangs, gewissermaßen als Schlußpunkt, weil sich in ihr alles Vorausgegangene darstellt. Es ist noch darauf hinzuweisen, daß kleine freie Formen auf allen Stufen der Ohara-Ausbildung geübt werden können, während wir hier mehr die größeren Gestaltungen meinen, die weitgehend den Meistern überlassen sind. Herausragende freie Gestaltungen wurden in den vergangenen Jahren von Professor Natsuki Ohara und von Professor Kazuhiko Kudo vorgestellt, die auf den Ohara-Ausstellungen große Bewunderung fanden. Oft scheint es so, als würden die Headmaster der großen Schulen mit ihren modernen freien Formen wetteifern, was die jährliche Ausstellung der ›Einhundert Meister‹ zeigt, auf der die drei großen Headmaster Senei Ikenobo, Hôun Ohara und Hiroshi Teshigahara mit ihren führenden Meistern vertreten sind. Nicht von ungefähr gehen von solchen Präsentationen der modernen Blumenkunst Entwicklungen aus, die das Ikebana-Leben stark beeinflussen.

Wir nahmen Abschied vom Shinshû-Hochgebirge des Nagano-ken und suchten in freier Natur geeignetes Ikebana-Material. Bei einem halbvergessenen Dorftempel stand eine gewaltige Zelkove (der in Japan besonders beliebte Keyaki-Baum), die gefällt werden mußte. Wir konnten uns ein besonders schönes Stück aus dem jahrhundertealten knorrigen Astwerk des Riesenbaums auswählen und herausschneiden lassen. Das Holz, aus dem besonders kostbare Möbel gefertigt werden, wirkte wie eine Plastik und zeigte im Innenteil die dunkelbraune bis schwarze Rinde des wertvollen Baums.
Wir ließen die Randteile und die Rückseite abschneiden, so daß an diesen Stellen die für Keyaki-Holz so charakteristische Maserung herauskam und den intensiven Duft des Holzes ausströmen ließ. Damit war wie durch einen Zufall das Gerüst unserer freien Form gegeben. Die Natur hatte ein Loch in dem Keyaki-Holz gelassen, das wie geschaffen war für unsere Materialanordnung.
Das Material sollte Ost und West verbinden. Für den Osten wählten wir Berg-Sankirai und eine besondere Grasart (Makino-Gras; *Karukaiya*) aus, die sich nur hier findet. Für den Westen wählten wir Sonnenblumen *(Himawari)* und Anthurium *(An-thuriumu)*.
Die Gestaltung selbst folgte den Gesetzen der Natur, das heißt, wir haben das Material nicht verändert oder verformt, sondern nur nach Intuition und aus dem Materialgefühl heraus gestaltet.

Oben:
Hôun Ohara:
Realistische Sommerlandschaft – 1980

Links:
Kôun Ohara:
Bunjin nach chinesischen literarischen Vorbildern – 1935

Rechte Seite

Oben:
Unshin Ohara:
Moribana – etwa 1899

Unten:
Natsuki Ohara:
Freie Form in zwei Glasvasen – 1982

Es muß angemerkt werden, daß Gestaltungen dieser Art – einschließlich der oft stundenlangen Experimente bei der Fotoproduktion – mehrere Stunden in Anspruch nehmen und nicht ›aus der Hand‹ heraus entstehen können. Wenn die freie Gestaltung dann vollendet ist, so daß sie der Meister aus seiner Hand entläßt, beginnt die oft mühevolle Arbeit der Fotoproduktion, für die es in Japan besondere Studios gibt, die mit allen Mitteln der Aufnahme- und Beleuchtungstechnik arbeiten und das Letzte herausholen können. Dieser Vorgang fordert viel Geduld, die nicht jeder Europäer aufzubringen vermag. Manches Loblied können die Verfasser auf die Hingabe der japanischen Fachfotografen singen, die aus dem Arrangement alle Details und Feinheiten herausheben.
Freie Formen des Ikebana sind eine reine Freude für den Gestalter und Betrachter. Sie sind wie kleine Kunstwerke, die den Prozeß der künstlerischen Gestaltung erahnen lassen, aber immer das Material der Natur in jahreszeitlicher Schönheit bieten sollten.
Unsere freie Form ist ein Gruß an den tätigen Vulkan Mount Asama beim Abschied vom sommerlichen Bergurlaub: ›Sayonara Karuizawa‹.

Die großen Ohara-Meister

Mit je einem Arrangement der Ohara-Meister Unshin (1861–1916), Kôun (1880–1938), Hôun (geb. 1904) und Natsuki (geb. 1949) wird dem Leser gleichsam fast ein Jahrhundert Ohara-Ikebana vor Augen geführt.
Schon Ikebana-Geschichte ist das berühmte Moribana von Unshin Ohara. Die malerische Gesamtwirkung des Arrangements begeistert noch heute den Betrachter.
Kôun Ohara hat neben Landschaftsarrangements das Bunjin gepflegt. Die historische Aufnahme zeigt sein von der chinesischen Literatur beeinflußtes Bunjin-Arrangement, bei dem auch das aus China stammende Gefäß und das Setztischchen zu beachten sind, die sich beide im Ohara-Museum befinden.
Hôun Ohara war nicht nur ein Mittler zum Internationalismus, er nahm auch Einflüsse aus dem Westen auf und brachte sie in seinem ›avantgardistischen Ikebana‹ zum Ausdruck, das vom Surrealismus beeinflußt wurde. Klassische Gestaltungen gewinnen durch seine Hand Eleganz und den Hauch der Tradition.
Natsuki Ohara ist es aufgegeben, künftige Entwicklungen einzuleiten, was durch Monumental-Arrangements und sein ›abstraktes Ikebana‹ schon jetzt erkennbar wird. Aber auch die schlichte, bescheidene Form gewinnt durch ihn beachtenswerte Transparenz und meisterhafte Leichtigkeit, wobei er die Tradition der Blumenkunst und das Prinzip des Ohara-Ikebana – die Natürlichkeit – in seine modernen Gestaltungen einbezieht. Es dürfte kein Zweifel darüber bestehen, daß diese Ohara-Blumenkunst noch weitere Gestaltungsformen möglich machen wird.

Diagramm 1
Moribana – Kleine Form A

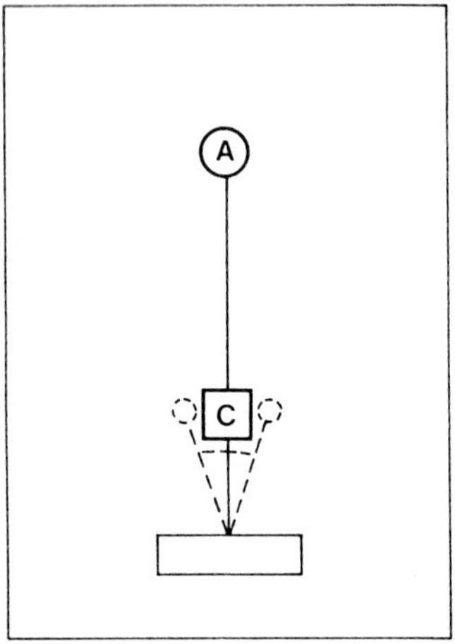

Vorderansicht

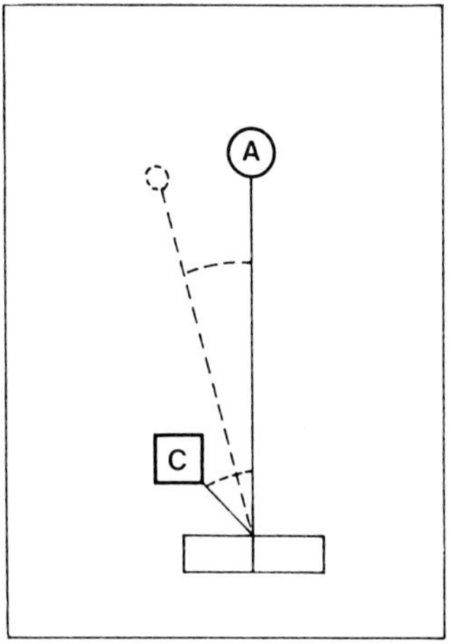

Seitenansicht

Dom

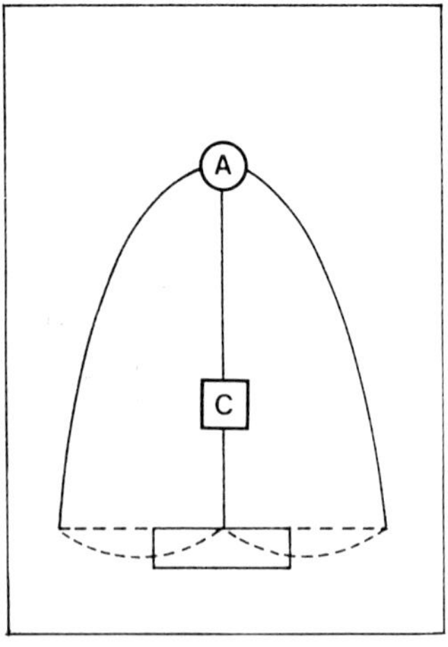

Vogelperspektive

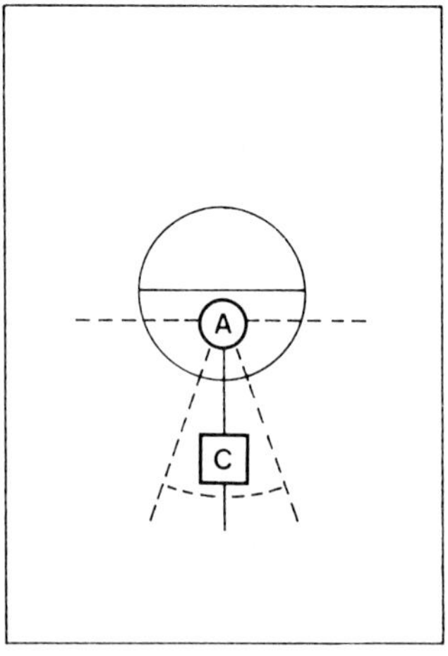

Diagramm 2
Moribana – Kleine Form B

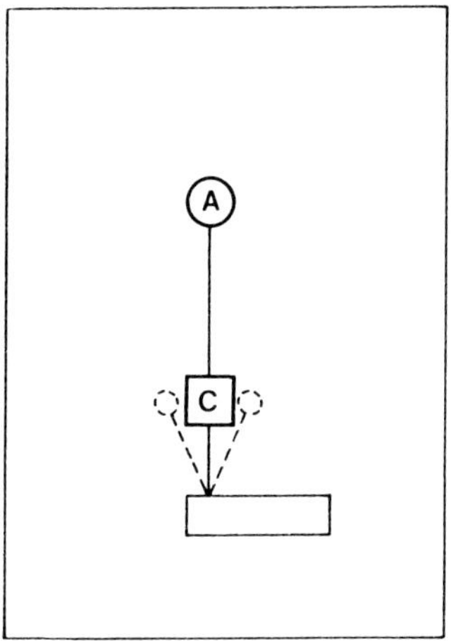

Vorderansicht

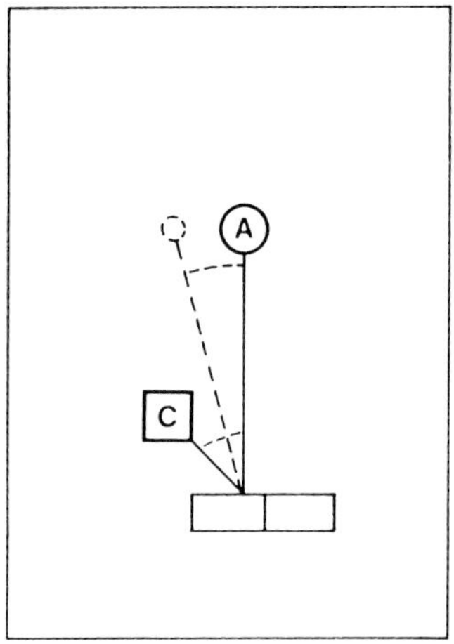

Seitenansicht

Dom

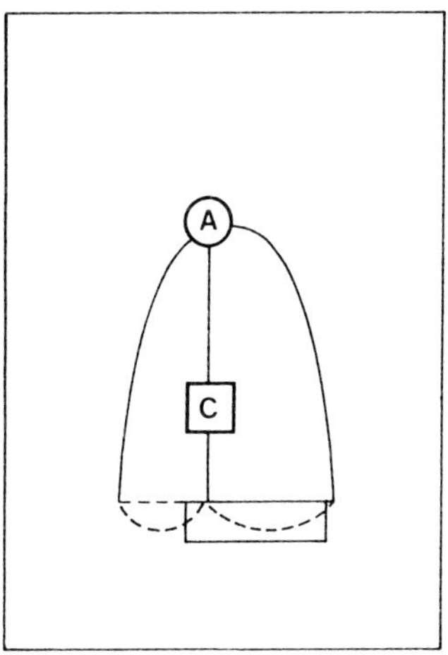

Vogelperspektive

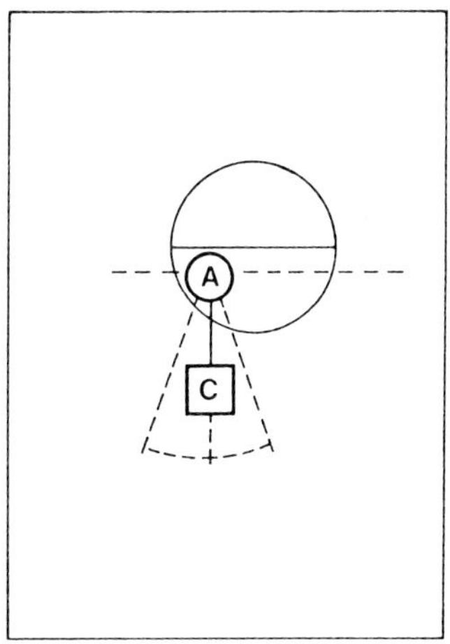

Diagramm 3
Moribana – Kleine Form C

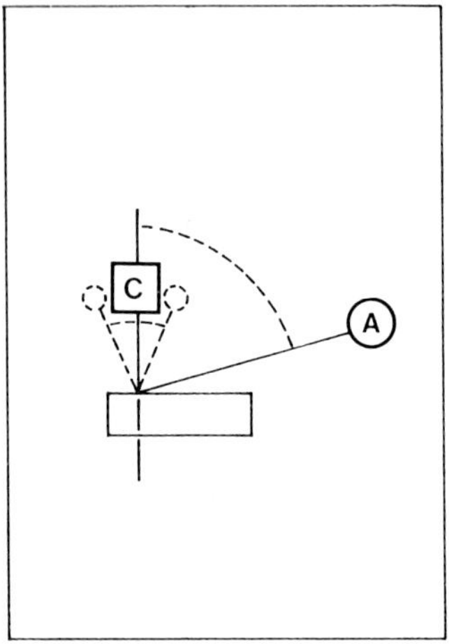

Vorderansicht

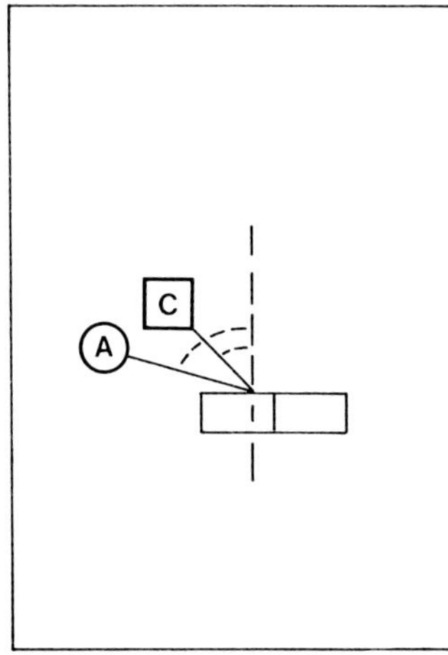

Seitenansicht

Dom

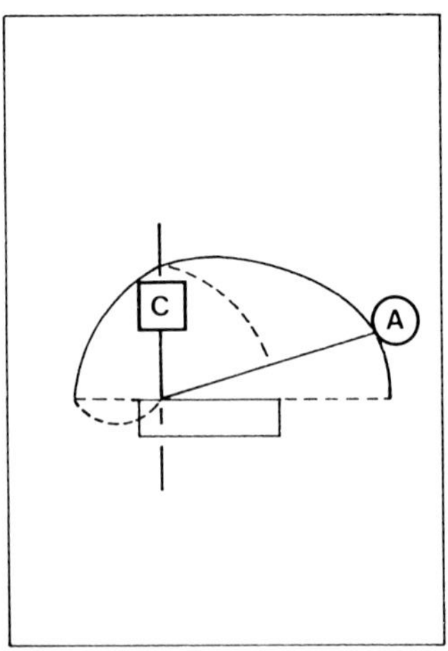

Vogelperspektive

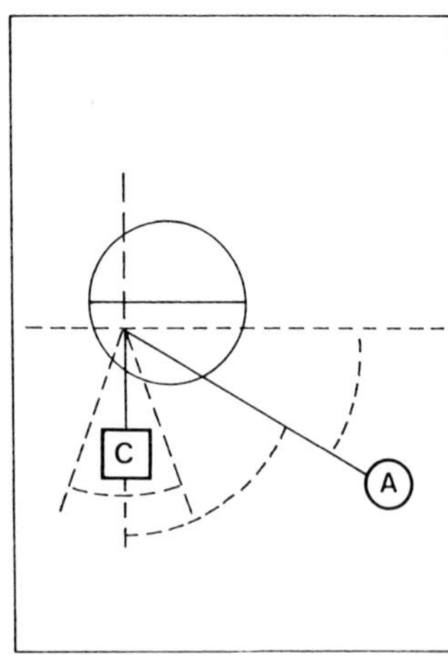

Diagramm 4
Moribana – Kleine Form D

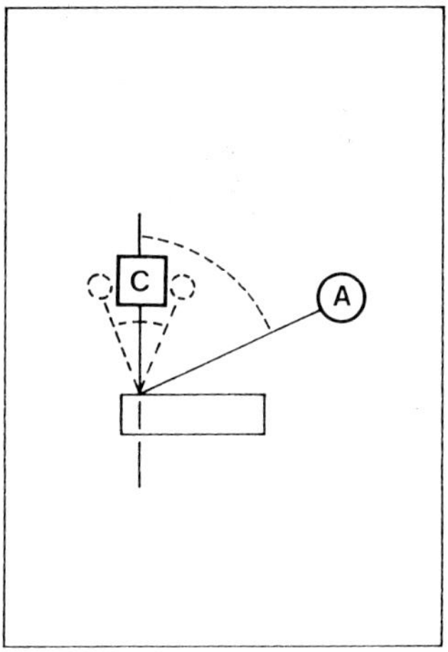

Vorderansicht

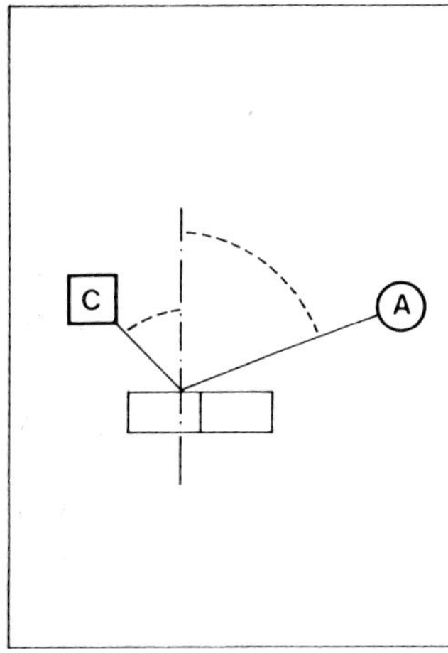

Seitenansicht

Dom

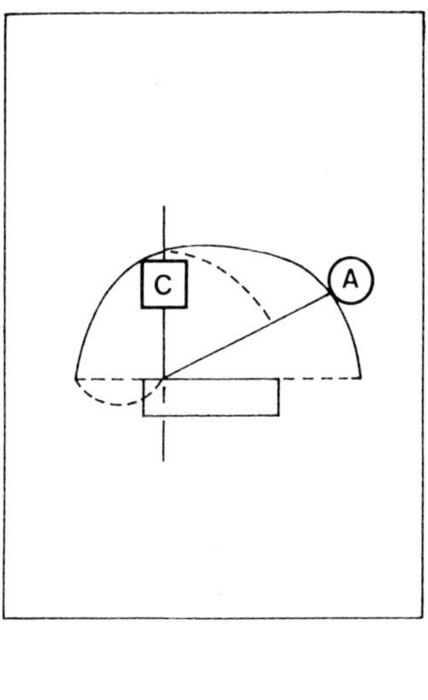

Vogelperspektive

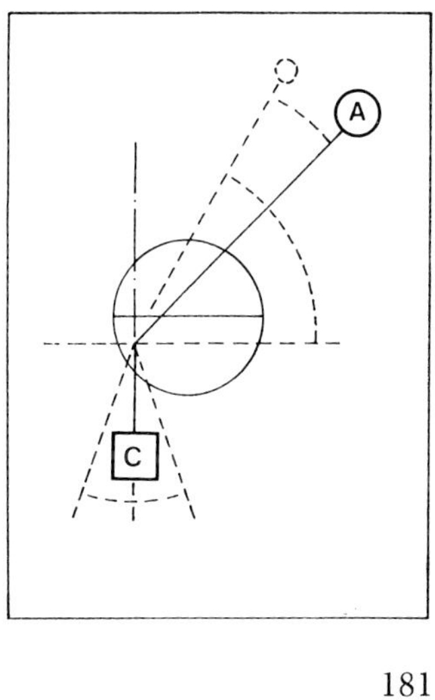

Diagramm 5
Moribana –
Aufrechte
Form

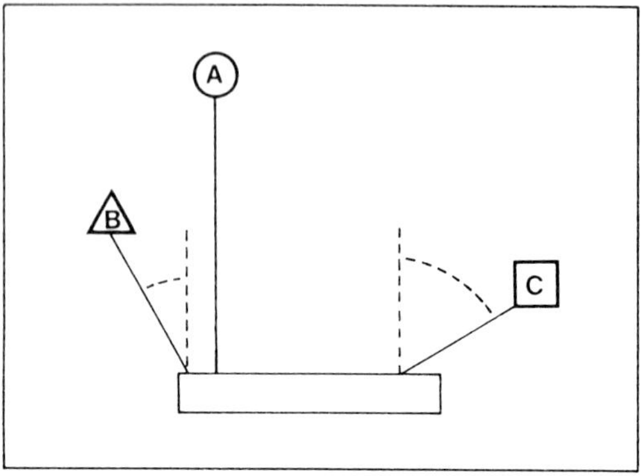

Vorderansicht

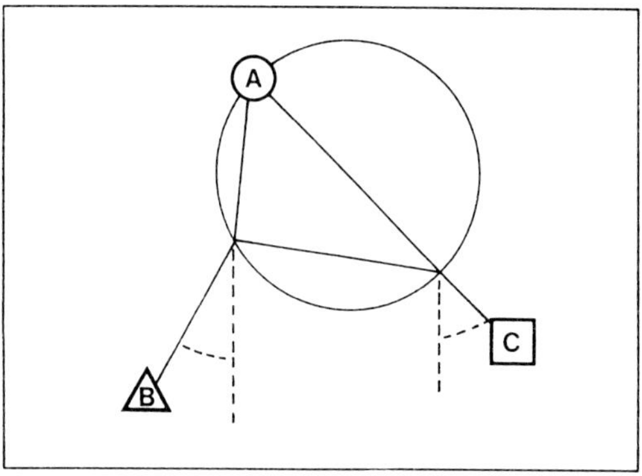

Vogelperspektive

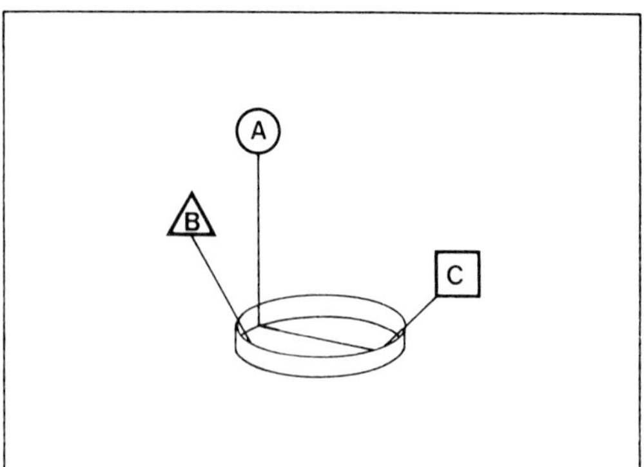

Seitenansicht

Diagramm 6
Moribana –
Geneigte
Form

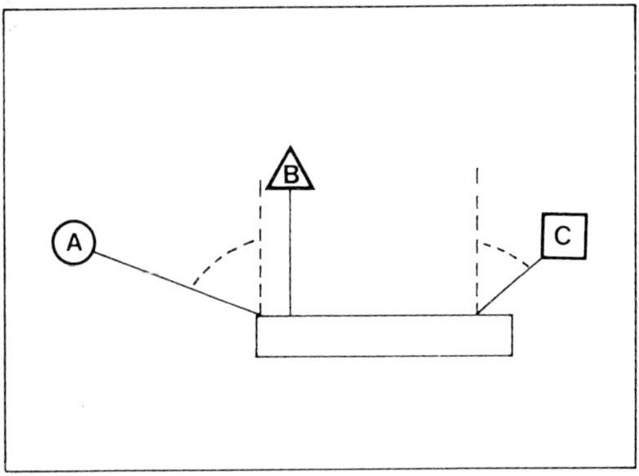

Vorderansicht

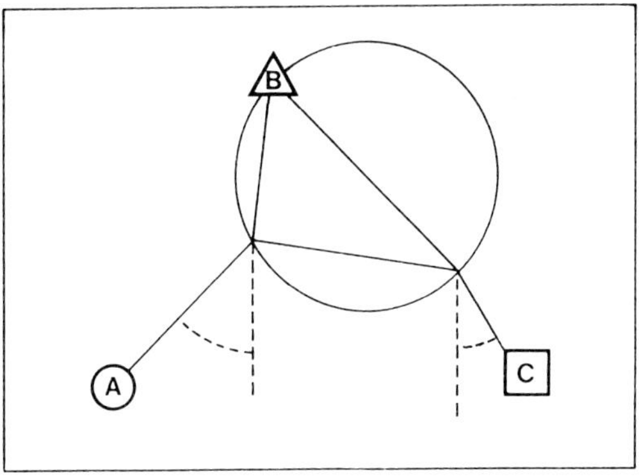

Vogelperspektive

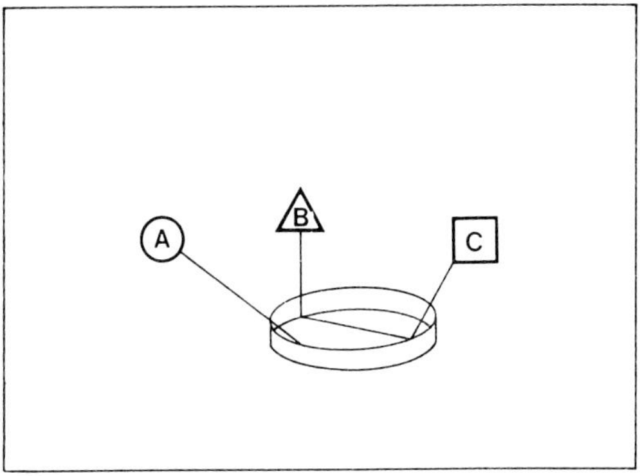

Seitenansicht

Diagramm 6A
Moribana – Geneigte Form

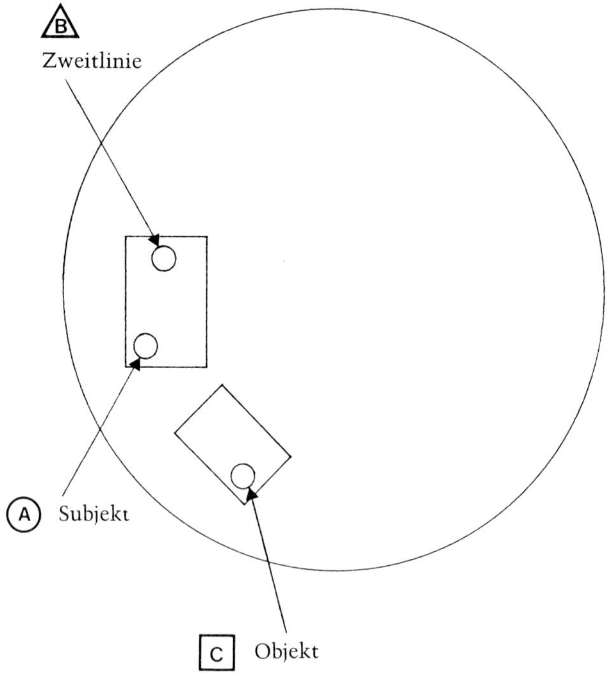

Diagramm 7
Moribana –
Himmel-
strebende
Form

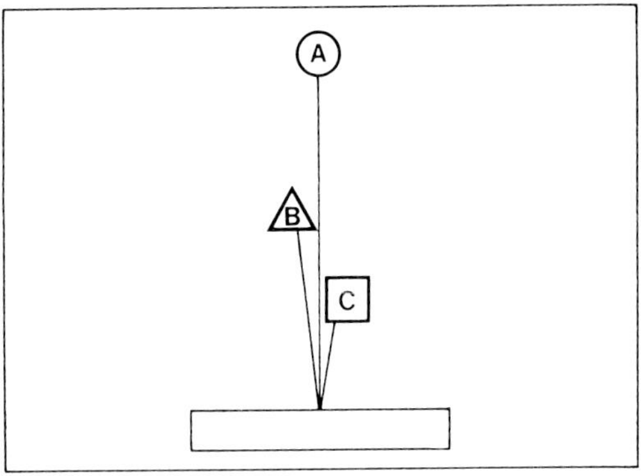

Vorderansicht

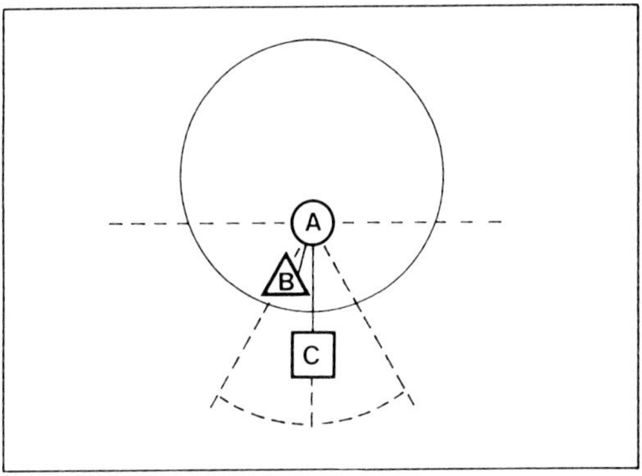

Vogelperspektive

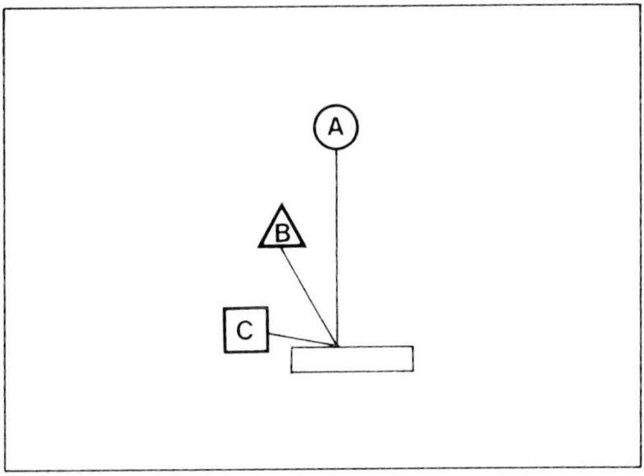

Seitenansicht

Diagramm 8
Moribana –
Wasserfall-
form

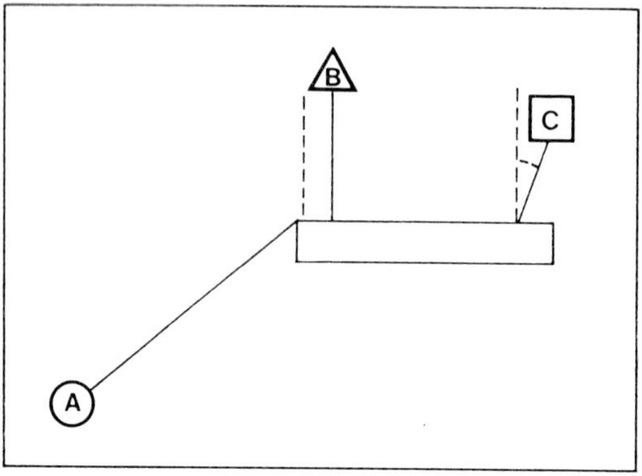

Vorderansicht

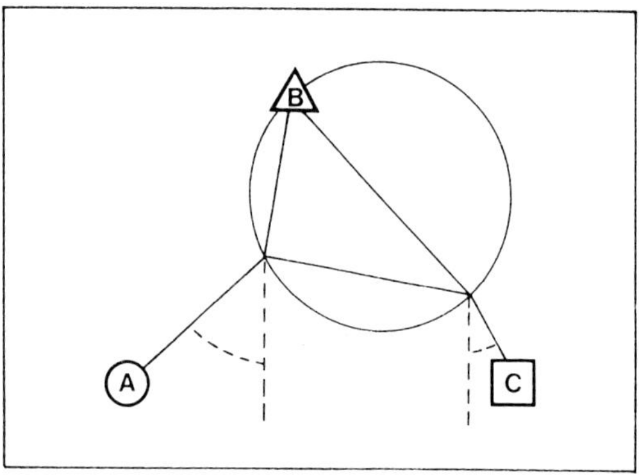

Vogelperspektive

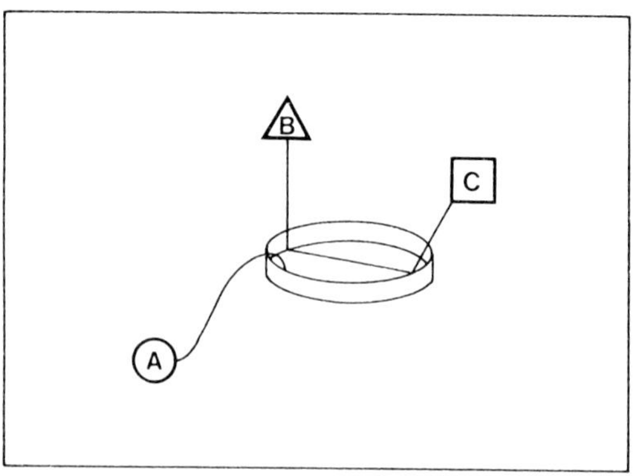

Seitenansicht

Diagramm 9
Moribana –
Kontrastform

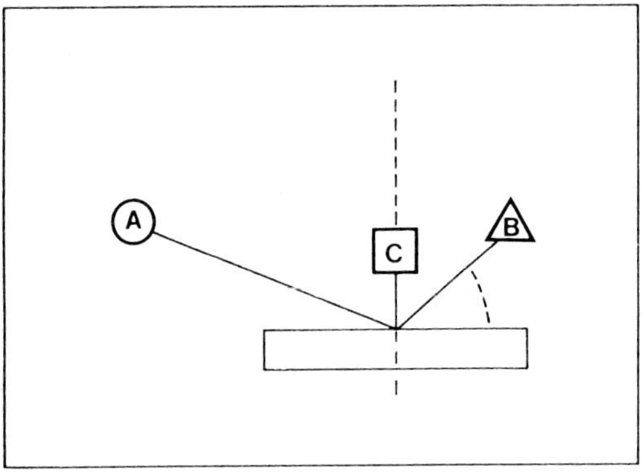

Vorderansicht

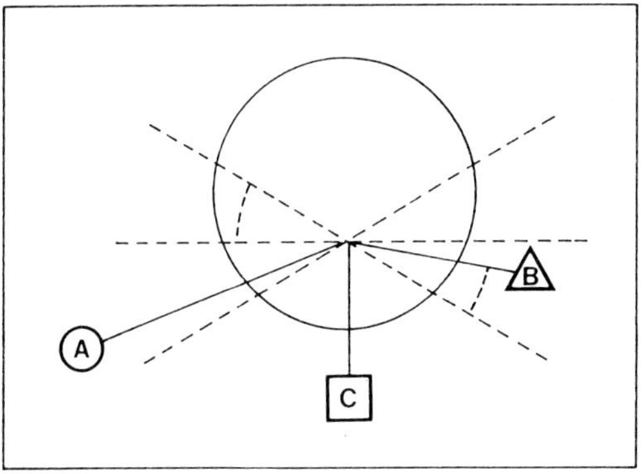

Vogelperspektive

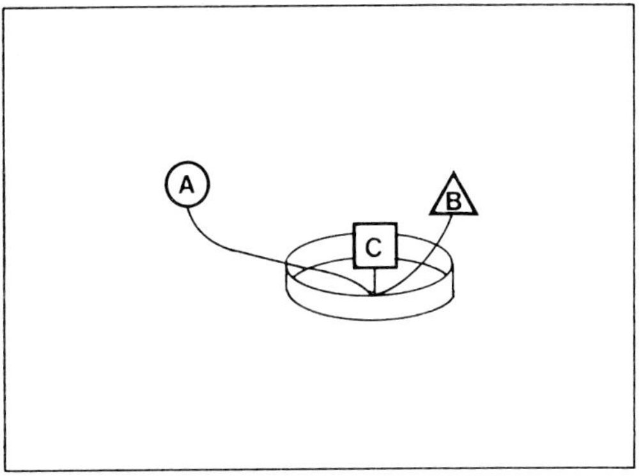

Seitenansicht

Diagramm 10
Moribana –
Einreihen-
form

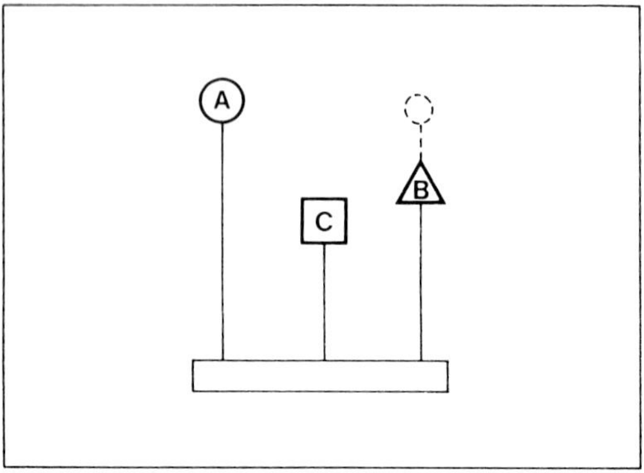

Vorderansicht

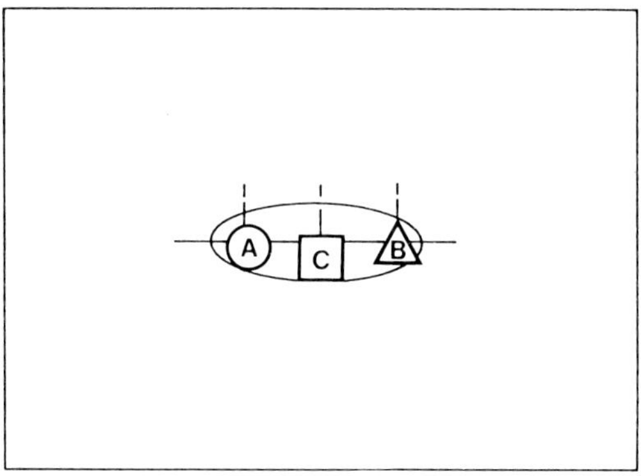

Vogelperspektive

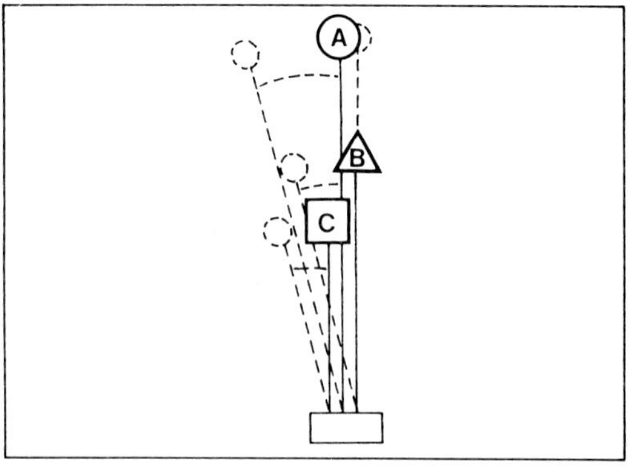

Seitenansicht

Diagramm 11
Heika –
Aufrechte
Form

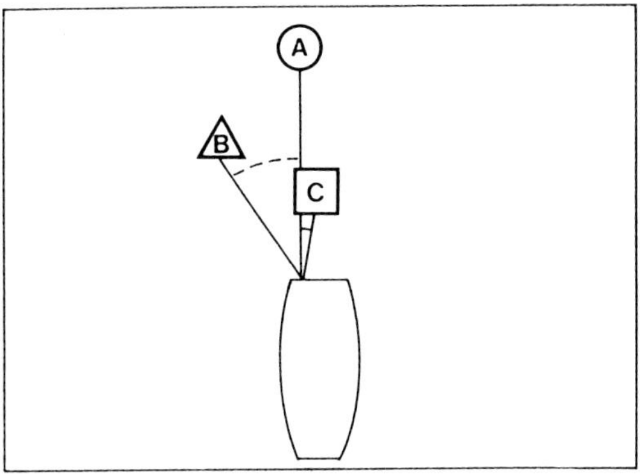

Vorderansicht

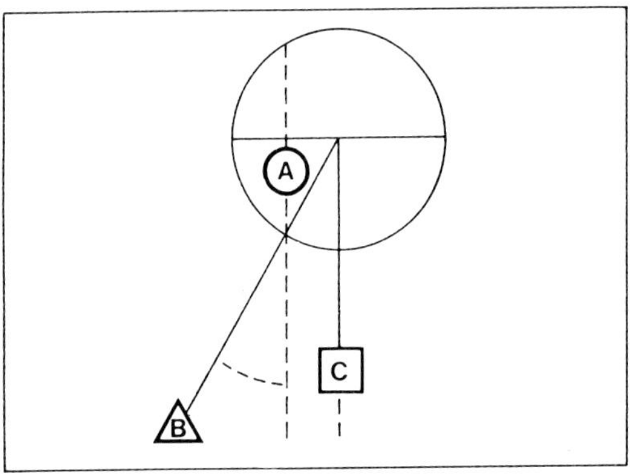

Vogelperspektive

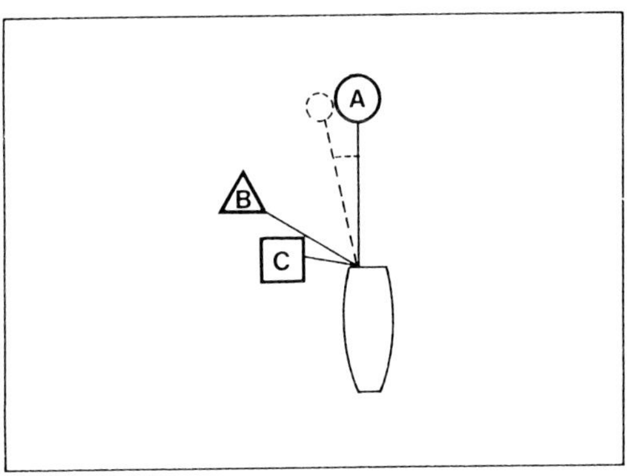

Seitenansicht

Diagramm 12
Heika –
Geneigte
Form

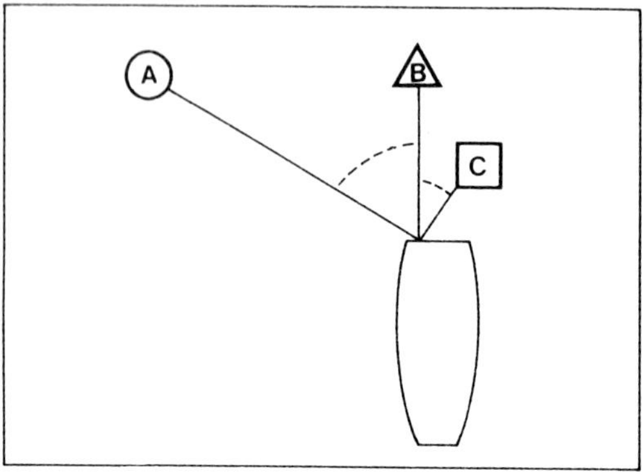

Vorderansicht

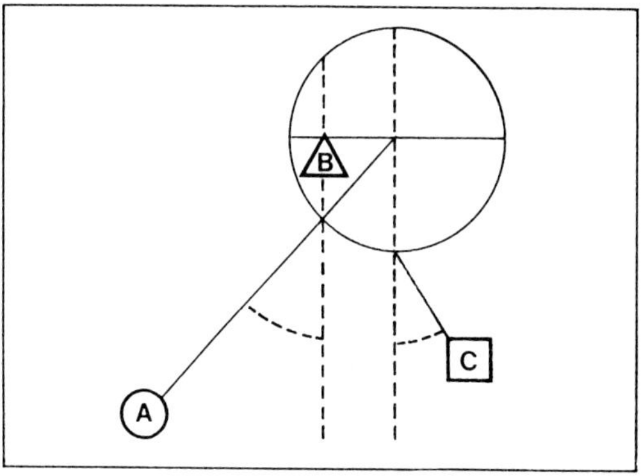

Vogelperspektive

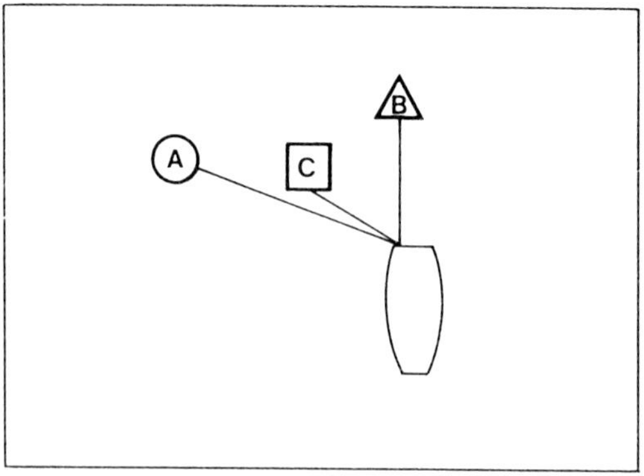

Seitenansicht

Diagramm 13
Heika –
Himmel-
strebende
Form

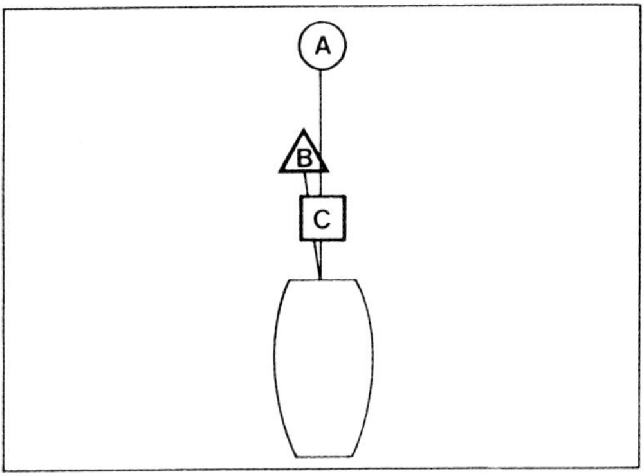

Vorderansicht

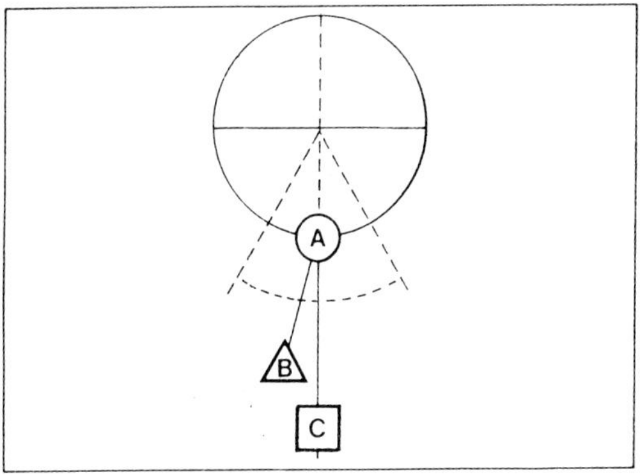

Vogelperspektive

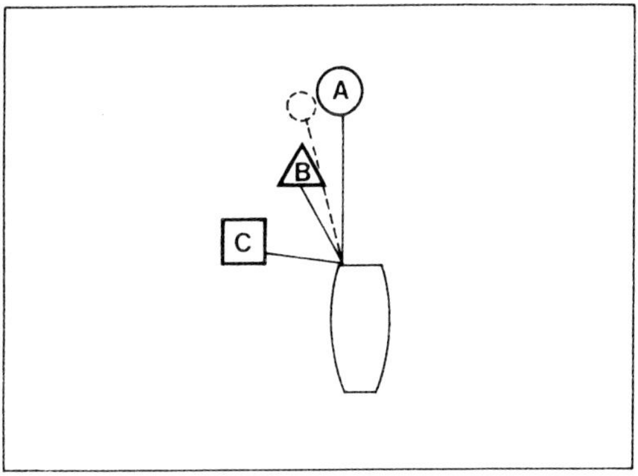

Seitenansicht

Diagramm 14
Heika –
Wasserfallform

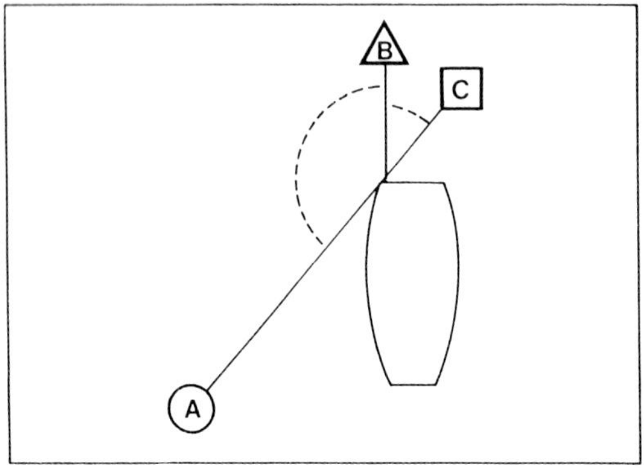

Vorderansicht

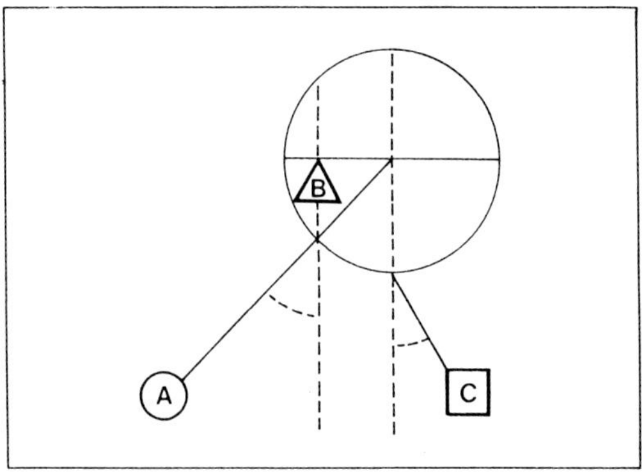

Vogelperspektive

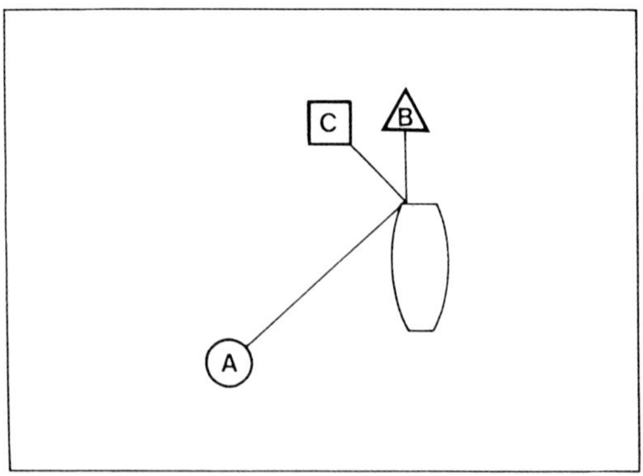

Seitenansicht

Diagramm 15
Heika –
Kontrastform

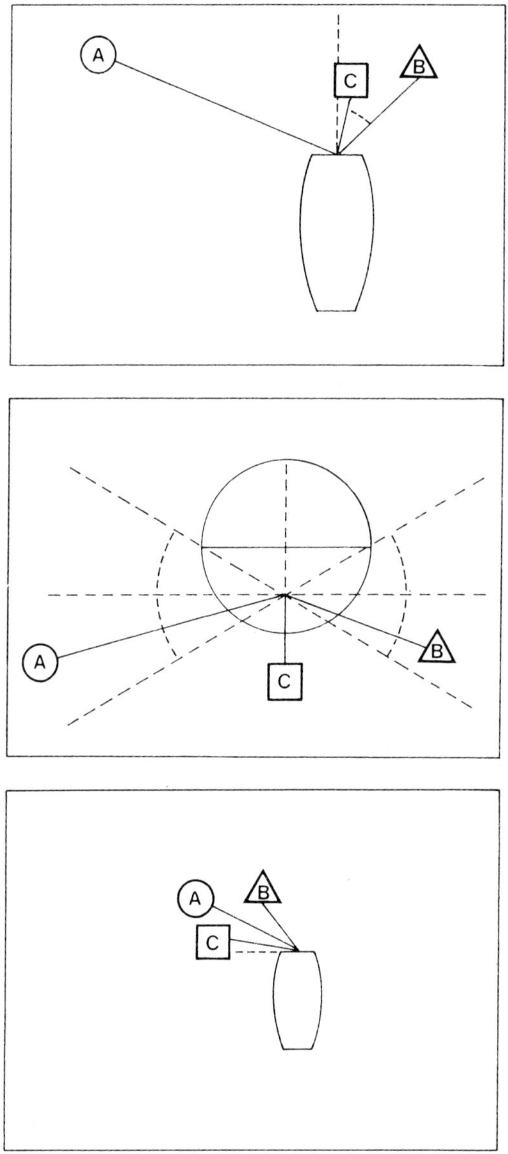

Vorderansicht

Vogelperspektive

Seitenansicht

Glossar der Blumen und Pflanzen 1

Deutsch	Lateinisch	Englisch
Adlerfarn	Pteridium	Bracken-fern
Ahorn	Acer	Maple
Aloe	Aloe	Aloe
Amaryllis	Amaryllis	Amaryllis
Anemone	Anemone coronaria	Anemone
Anemone: Windröschen	Anemone silvestris	Anemone japanese
Anemone: Narzissen-windröschen	Anemone narcissiflora	Anemone
Anthurium	Anthurium	Tail-flower
Aprikose	Prunus	Apricot
Aralie	Aralia cordata	Spikenard
Artischocke	Cynara scolymus	Artichoke
Asparagus	Asparagus cochin-chinensis	—
Aster	Aster callistephus chinensis	China-aster

Nicht alle im Text erwähnten Pflanzen konnten im Glossar nachgewiesen werden, meist wegen der nicht auffindbaren oder nachweisbaren japanischen Schreibweise (Kanji), zum Beispiel bei Pflanzen, die aus Europa stammen.

Japanisch in Transkription (Romaji)	Japanisch in Hirakana oder Katakana	Japanisch in Kanji
Warabi	わらび	蕨
Kaede	かえで	楓
Aroe	あろえ	アロエ
Amaririsu	あまりりす	—
Anamone	アネモネ	—
Anamone	アネモネ	—
Hakusan-ichige	はくさん いちげ	白 山 一 花
An thuriumu	アンスリウム	—
Anzu	あんず	杏
Udo	うど	土当帰，独活
Chôsenazami	ちょうせん あざみ	朝鮮 薊
Tenmondô	てんもんどう	天 門 冬
Miyako wasure	みやこ わすれ	都 忘

Deutsch	Lateinisch	Englisch
Azalee	Rhododendrum indicum	Azalea
Azalee: Kinkoka-Azalee	—	Kinkôka-azalea
Bambus	Bambusa	Bamboo
Bambus: Bärenbambus	Bambusa veitchii	Bamboo
Bandblume: Kaempfers Bandblume	Farfugium japonicum	—
Bänderweide/ Drachenweide	Salix	Petrified willow
Bärlapp/ Bärlappmoos	Lycopodium clanatum	Clubmoos
Bartnelke	Dianthus barbatus	Sweet william
Baumwolle	Gossypium	Cotten plant
Berg-Sankirai	Hetero smilax japonica	Green Brier
Binse	Juncus	Rush
Birkenart	Betula ermanii	Sort of brich
Birkenart	Betula nikoensis koid.	Sort of brich
Blauregen	Glyceria	Wisteria
Buchsbaum	Buxus	Box-tree

Japanisch in Transkription (Romaji)	Japanisch in Hirakana oder Katakana	Japanisch in Kanji
Tsutsuji	つつじ	躑躅
Kinkôka-tsutsuji	きんこうか つつじ	錦紅花躑躅
Take	たけ	竹
Kuma Zasa	くまざさ	熊笹
Tsuwabuki	つわぶき	槖吾
Sekkayanagi	せっかやなぎ	石化柳
Hikage no kazura	ひかげのかすら	日蔭蘿
Nadeshiko	なでしこ	撫子
Wata	わた	綿
Sankirai	さんきらい	山帰来
Tôshinsô	とうしんそう	燈心草
Dakekanba	だけかんば	岳樺
Makanba	まかんば	—
Fuji	ふじ	藤
Tsuge	つげ	黄楊

Deutsch	Lateinisch	Englisch
Chrysantheme	Chrysanthemum	Chrysanthemum
Chrysantheme, kleine	Chrysanthemum morifolium	Chrysanthemum
Dahlie/Georgine	Dahlia pinnata	Dahlia
Drachenlilie/ Drazäne	Dracena	Dracaena
Eberesche	Sorbus Aucuparia	Mountain ash
Eibe	Taxus	Yew
Eiche	Quercus	Oak
Eichenart	Quercus serrata	Kind of oak
Einbeere/ Wolfsbeere	Trillium smalii	Herb-paris
Enzian	Gentiana	Gentian
Eukalypthus	Eucalypthus	Eucalypthus
Farn	Osmunda japonica	Osmund
Farn: Kugelfarn	Nephrolepis cordifolia	Fern
Farn: Rippenfarn	Blechnum spicant	Fern
Farn: Straußfarn	Matteuccia	—
Farn: Vogelnestfarn	Asplenium entiquum Makino	Typ of fern
Flachs/Flachslilie	Phormium	New Zealand Flax

Japanisch in Transkription (Romaji)	Japanisch in Hirakana oder Katakana	Japanisch in Kanji
Kiku	きく	菊
Kogiku	こぎく	小菊
Daria	ダリア	—
Akadorasena	—	—
Nanakamado	ななかまど	七竈
Ichii/Araragi	いちい あららぎ	一位
Kashi	かし	樫
Kunugi	くぬぎ	櫟, 椚, 橡, 櫪
Kinugasasô	きぬがさそう	衣笠草
Rindô	りんどう	竜胆
Yûkari	ゆうかり	有加利
Zenmai	ぜんまい	薇/紫萁
Tamashida	たましだ	玉羊歯
Shida	しだ	羊歯
Gansoku	がんそく	雁足
Ôtaniwatari	おおたにわたり	大谷渡り
Maoran	まおらん	真麻蘭

Deutsch	Lateinisch	Englisch
Forsythie	Forsythia	Wintersweet
Freesie	Freesia	Freesia
Funkie	Hosta undulata	Plantain-lily
Geißklee/ Bohnenstrauch	Cytisus	Broom
Getreide	Hordeum	Green Barley
Gladiole	Gladiolus	Gladiolus
Glockenblume, chines.	Campanula platycoden	Balloon flower
Goldregen	Laburnum	Laburnum
Granatapfel/ Punischer Apfel	Punica granatum	Pomegranate
Gras: Makino-Gras	Themeda japanica Tanaka	—
Hahnenkamm	Celosia christata	Cockscomb
Hartriegel/ Hornstrauch	Cornus/ Cornaceae	Hazeltree
Haselstrauch	Cornus officinalis	Dogwood
Heidelbeere	Vaccinium	Blueberry
Himbeere	Rubus	Rasberry
Hirse, jap.	Echinochloa frumentacea	Millet

Japanisch in Transkription (Romaji)	Japanisch in Hirakana oder Katakana	Japanisch in Kanji
Rengyô	れんぎょう	連翹
Furijia	ふりいじあ	—
Giboshi	ぎぼし	擬宝珠
Enishida	えにしだ	金雀枝
Mugi	むぎ	麦
Gradioras	ぐらじおらす	—
Fûrinsô	ふうりんそう	風鈴草
Sekkaenishida	セッカエニシダ	石化金雀枝
Zakuro	ざくろ	石榴
Karukaiya	かるかや	刈萱
Keitô	けいとう	鶏頭
Sanshûyu	さんしゅう	山茱萸
Sanshuya	さんしゅう	山茱萸
Natsuhaze	なつはぜ	夏黄櫨
Kiichigo	きいちご	木苺
Kibi	きび	黍

Deutsch	Lateinisch	Englisch
Hortensie	Hydrangea	Hydrangea
Iris	Iris, japan.	Iris, japanese
Jasmin	Jasminum	Jasmine
Jasmin: Winter-Jasmin	Jasminum nudiflorum	Winterjasmin
Johanniskraut, chines.	Hypericum chinense	St. John's wort
Judasbaum	Cercidiohyllum japonicum	Japanese Judas-tree
Kakipflaume	Persimone	Persimon
Kalla	Zantedeschia aetiopica	Calle
Kallistemon	Callistemon Lanceolatus	Bottlebrush
Kamelie	Camellia japonica	Camellia
Kamelie: Shiratama-Kamelie	Camellia japonica (Shiratama)	Shiratama-camellia
Kamelie: Yabu-Kamelie	Camellia japonica (Yabu)	Yabu-camellia
Kastanie	Castanea	Chestnut
Kiefer	Pinus	Pine
Kiefernart, kriechend	Pinus pumila Regel	Pine

Japanisch in Transkription (Romaji)	Japanisch in Hirakana oder Katakana	Japanisch in Kanji
Ajisai	あじさい	紫陽花
Hanashôbu	はなしょうぶ	花菖蒲
Sokei	そけい	素馨
Ôbai	おうばい	黄梅
Shinano otogiri	しなのおとぎり	—
Katsura	かつら	桂
Kaki	かき	柿
Orandakaiu kara	おらんだかいう	オランダ海芋
Kinpôju/ Burasshi-noki	きんぽうじゅ, ブラッシノキ	金宝樹
Tsubaki	つばき	椿
Shiratama-tsubaki	しらたまつばき	白玉椿
Yabu-tsubaki	やぶつばき	藪椿
Kuri	くり	栗
Matsu/Shô	まつ	松
Haimatsu	はいまつ	這松

Deutsch	Lateinisch	Englisch
Kiefernart	Pices japoensis var. handoensis	Pine
Kirsche	Prunus	Cherry-blossom
Kirsche: Yoshino-Kirsche	Prunus (Yoshino)	Cherry-blossom
Kohlraps	Brassica napus	Rape-blossom
Kokospalme	Cocos	Palm
Kornblume	Centaurea cyanus	Cornflower
Lärche	Larix Kaemperi	Japanese larch
Lespedesia Siebold	Lespedeza nipponica	Bushclover
Levkoje	Matthiola	Stock
Lilie	Lilium	Lily
Lilie: Elegant-Lilie	Lilium maculatum Thunberg	Elegant lily/ Thunberg lily
Lilie: Kanoko-Lilie	Lilium Speciosum	—
Lilie: Naruko-Lilie	Polygonatum falcatum	Salomon seal
Lilie: Schwertlilie	Iris laevigata	Rabbit-ear-Iris
Lilie: Sternlilie	Lilium concolor Slasib.var. parthenei	Starlily
Lilie: Taglilie	Hemerocallis	Daylily
Lotos	Lotus	Lotus

Japanisch in Transkription (Romaji)	Japanisch in Hirakana oder Katakana	Japanisch in Kanji
Tôhi	とうひ	唐檜
Sakura	さくら	桜
Yoshino-Sakura	よしの さくら	吉野 桜
Nanohana	なのはな	菜の花
Yashi	やし	椰子
Yaguruma kiku	やぐるま ぎく	矢車菊
Karamatsu	からまつ	唐松
Hagishibori	はぎしぼり	萩 しぼり
Araseitô	あらせいとう	紫羅欄花
Yuri	ゆり	百合
Sukashi-yuri	すかしゆり	透百合
Kanoko-yuri	かのこゆり	鹿の子百合
Naruko-yuri	なるこゆり	鳴子 百合
Kakitsubata	かきつばた	燕子花, 杜若
Himeyuri	ひめゆり	姫百合
Kanzô	かんぞう	萱草
Hasu	はす	蓮

Deutsch	Lateinisch	Englisch
Magnolie	Magnolia	Lily magnolia
Mahonie	Mahonia	Nandin
Mimose	Acacia	Acasie
Mohrenhirse	Sorhum durrha	Agrostis
Nandine	Nandina domestica Thunb.	Nandin
Narzisse	Narcissus tazetta	Daffodil
Narzisse: Osterglocke	Narcissus pseudonarcissus	Daffodil
Orchidee, jap.	Bletilla striata	Orchid
Orchidee: Berg-Orchidee	Orchidaceae	Orchid
Orchidee: Naruko-Orchidee	Orchidaceae	—
Pampasgras/ Silbergras	Cortaderia	Pampasgras, japanese
Päonie/Pfingstrose	Paeonia	Peony
Paulownie	Paulownia	Paulownia
Pfirsich	Prunus persica	Peach
Pflaume	Prunus domestica	Plum-tree
Philodendron	Arisaema serratum	Philodendran
Prachtglocke	Enkianthus	Balloonflower
Prachtscharte	Liatris	Blazing star

Japanisch in Transkription (Romaji)	Japanisch in Hirakana oder Katakana	Japanisch in Kanji
Hô-no-ki	ほうのき	朴の木
Hiiragi-nanten	ひいらぎなんてん	柊南天
Akashiya	あかしや	アカシヤ
Morokoshi	もろこし	唐黍，蜀黍
Nanten	なんてん	南天
Suisen	すいせん	水仙
Rappa suisen	らっぱ すいせん	喇叭水仙
Nihon ran	にほん らん	日本蘭
Yama-ran	やまらん	山蘭
Naruko-ran	なるこ らん	鳴子蘭
Susuki	すすき	芒，薄
Botan/ Shakuyaku	しゃくやく	芍薬
Kiri	きり	桐
Momo	もも	桃
Ume	うめ	梅
Tennanshô	てんなんしょう	天南星
Kikyô	ききょう	桔梗
Riatorisu	リアトリス（ユリアザミ）	—

Deutsch	Lateinisch	Englisch
Quitte	Cydonia oblonga	Quince
Rhodea, jap.	Rhodea japonica	Rhodea, japanese
Riedgras	Cyperaceae	Reed
Ringelblume	Calendula	Pot marigold
Rizinus/ Christuspalme	Palma Christi	Castor-oil-plant
Rose	Rosa	Rose
Rose: Kletterrose	Rosa multiflora	Polyantha rosa
Schirmtanne	Sciadopitys verticillata	—
Schleierkraut	Gypsophila paniculata	Common gypsophila
Schneeball/ Schlinge	Viburnum furcotum	Viburnum
Schneeweide/ Spierstrauch	Spiraea	Thunberg's Spirea
Seerose	Nymphaea	Water-lily
Sicheltanne	Cryptomeria japonica	Japan cedar
Sonnenblume	Helianthus	Sunflower
Spiräe/ Spierstrauch	Spirea	Spiraea
Strelitze	Strelicia	Bird of paradise flower

Japanisch in Transkription (Romaji)	Japanisch in Hirakana oder Katakana	Japanisch in Kanji
Boke	ぼけ	木瓜
Omoto	おもと	万年青
Ashi	あし	葦
Kinsenka	きんせんか	金盞花
Tôgoma	とうごま	唐胡麻
Bara	ばら	薔薇
Nobara	のばら	野薔薇
Kôyamaki	こうやまき	高野槙
Kasumisô	かすみそう	霞草
Mushikari	むしかり	—
Yukiyanagi	ゆきやなぎ	雪柳
Suiren	すいれん	睡蓮
Sugi	すぎ	杉
Himawari	ひまわり	向日葵
Kodemari	こでまり	小手毬
Strecha	すとれちあー	極楽鳥

Deutsch	Lateinisch	Englisch
Tanne	Abies veitchii	Veitch's Silver Fir
Tanne: Aomori-Tanne	Abies Mariesii	—
Tanne: Nikkô-Tanne	Abies homolepis	—
Trollblume	Trollius japonicus	Globeflower
Tulpe	Tulipa	Tulip
Weide	Salix ·	Willow
Weidenkätzchen	Salix gracillistyla	Sallow
Weide: Unryû-Weide	Salix matsudana tortuosa	Unryû-willow
Wicke	Lathyrus	Vetch
Zaubernuß	Hamamelis	Japanese witch-hazel
Zelkove, jap.	Zelkova keaki	Keyaki-tree
Zierlauch	Allium	Stone-leek
Zypresse	Cypressus jap.	Japanese cypress

Japanisch in Transkription (Romaji)	Japanisch in Hirakana oder Katakana	Japanisch in Kanji
Shirabe	しらびそ(しらべ)	白檜そ
Aomori Todomatsu	あおもり とどまつ	青森 椴松
Shirabiso	しらびそ	白檜そ
Shinano-kinbai	しなのきんばい	信濃金梅
Chûlippu	ちゅうりっぷ	—
Tsuru	つる	蔓
Nako yanagi	ねこ やなぎ	猫 柳
Unryû-yanagi	うん りゅう やなぎ	雲 竜 柳
Yahazuendô	やはずえんどう	矢筈豌豆
Mansaku	まんさく	満作
Keyaki	ケヤキ	欅
Negi	ねぎ	葱
Hinoki/ Kuzyaku-hiba	くじゃくひば	孔雀桧葉

Glossar der Blumen und Pflanzen 2

Japanisch in Transkription (Romaji)	Deutsch
Ajisai	Hortensie
Akadorasena	Drachenlilie
Akashiya	Mimosenart
Amaririsu	Amaryllis
Anemone	Windröschen
Anzu	Aprikose
Araseitô	Levkoje
Aroe	Aloe
Ashi	Riedgras
Azami	Distel
Bara	Rose
Boke	Quitte
Chôzenazami	Artischocke
Chûlippu	Tulpe
Dakekanba	Birkenart
Daria	Dahlie
Enishida	Bohnenbaum
Fuji	Blauregen
Furijia	Freesie
Fûrinsô	Glockenblume, chines.
Gansoku	Farn: Straußfarn
Giboshi	Funkie
Gradioras	Gladiole
Hagishibori	Lespedesia
Haimatsu	Kiefernart
Hakusan-ichige	Anemonenart
Hanashôbu	Iris
Hasu	Lotos
Hiiragi-nanten	Mahonie
Hikage no kazura	Bärlappmoos
Himawari	Sonnenblume

Japanisch in Transkription (Romaji)	Deutsch
Himeyuri	Lilie: Sternlilie
Hinoki	Zypresse
Hô-no-ki	Magnolie
Ichi-i	Eibe
Kaede	Ahorn
Kaki	Kakipflaume
Kakitsubata	Schwertlilie
Kanzô	Lilie: Taglilie
Karamatsu	Lärche, japan.
Karukaiya	Makino-Gras
Kashi	Eiche
Kasumisô	Schleierkraut
Katsura	Judasbaum, jap.
Keitô	Hahnenkamm
Keyaki	Zelkove
Kibi	Hirse, jap.
Kiichigo	Himbeere
Kiku	Chrysantheme
Kikyô	Prachtglocke
Kinkôka-tsutsuji	Azalee: Kinkoka-Azalee
Kinpôju	Kallistemon
Kinsenka	Ringelblume
Kinugasasô	Einbeere
Kiri	Paulownie
Kodemari	Spiräe
Kogiku	Chrysantheme, kleine
Kôya-maki	Schirmtanne
Kuma zasa	Bärenbambus
Kunugi	Eichenart
Kuri	Kastanie

Japanisch in Transkription (Romaji)	Deutsch
Makanba	Birkenart
Mansaku	Zaubernuß
Maoran	Flachslilie
Matsu/Shô	Kiefer
Miyako wasure	Aster
Momo	Pfirsich
Morokoshi	Mohrenhirse
Mugi	Getreide
Mushikari	Schneeball/ Schlinge
Nadeshiko	Bartnelke
Nanakamado	Eberesche
Nanohana	Kohlraps
Nanten	Nandine
Naruko-ran	Orchidee: Naruko-Orchidee
Naruko-yuri	Lilie: Naruko-Lilie
Natsuhaze	Heidelbeere
Negi	Zierlauch
Neko yanagi	Weidenkätzchen
Nihon ran	Orchidee, jap.
Nobara	Kletterrose
Ôbai	Jasmin: Winterjasmin
Omoto	Rhodea, jap.
Orandakaiu kara	Kalla
Ôtaniwatari	Farn: Vogelnestfarn
Rappa suisen	Narzisse: Osterglocke
Rengyô	Forsythie
Riatorisu	Prachtscharte

Japanisch in Transkription (Romaji)	Deutsch
Rindô	Enzian
Sakura	Kirsche
Sankirai	Berg-Sankirai
Sanshû	Hartriegel
Sanshuyu	Haselstrauch
Sekkaenishida	Goldregen
Sekkayanagi	Bänderweide
Shaga	Iris
Shakuyaku	Päonie/Pfingstrose
Shida	Farn: Rippenfarn
Shinano-kinbai	Trollblume
Shinano otogiri	Johanniskraut, chines.
Shirabe	Tanne
Shirabiso	Tanne: Nikkô-Tanne
Shiratama-tsubaki	Shiratama-Kamelie
Sokei	Jasmin
Strecha	Strelitze
Sugi	Sicheltanne
Suiren	Seerose
Suisen	Narzisse
Sukashi-yuri	Lilie: Elegant-Lilie
Susuki	Pampasgras
Take	Bambus
Tamashida	Farn: Kugelfarn
Tenmondo	Asparagus
Tennanshô	Philodendron
Tôgoma	Rizinus
Tôhi	Kiefernart
Tôshinsô	Binse

Japanisch in Transkription (Romaji)	Deutsch
Tsubaki	Kamelie
Tsuge	Buchsbaum
Tsuru	Weide
Tsutsuji	Azalee
Tsuwabuki	Bandblume
Udo	Aralie
Ume	Pflaume
Unryû-yanagi	Unryû-Weide
Warabi	Adlerfarn
Wata	Baumwolle
Yabu-tsubaki	Kamelie: Yabu-Kamelie
Yaguruma-kiku	Kornblume
Yahazuendô	Wicke
Yama-ran	Orchidee: Berg-Orchidee
Yashi	Kokospalme/Palme
Yoshino-Sakura	Kirsche: Yoshino-Kirsche
Yuki yanagi	Schneeweide
Yûkari	Eukalypthus
Yuri	Lilie

Literaturhinweise

Oscar Benl/Horst Hammitzsch, *Japanische Geisteswelt. Vom Mythus zur Gegenwart,* Baden-Baden 1956

Werner Blaser, *Tempel und Teehaus in Japan,* Olten und Lausanne 1955

Chanoyu in: *Einführung in die japanische Kultur,* hrsg. von Kokusai Bunka Shinkokai, Tokio 1968

Josiah Conder, *The Flowers of Japan and The Art of Floral Arrangement,* Tokio 1891

Hans A. Dettmer, *Grundzüge der Geschichte Japans,* Darmstadt 1973

Edith Dittrich in: *Japanische Wandschirme und Schiebetüren* im Museum für Ostasiatische Kunst, Ausstellungskatalog Museen der Stadt Köln 1977

Taiun Goshima, *Ohara-ryû Bunka gyôbu* (Gesammelte Werke), Tokio 1981

Nakamura Hajime, *Bunkyo-go dai jiden* (Großes Lexikon der buddhologischen Terminologie), Tokio 1975

Horst Hammitzsch in: Tatsuo Ishimoto, *Japanische Blumenkunst,* Hamburg 1960

Toshimitsu Hasumi, *Zen in der japanischen Kunst. Ein Weg geistiger Erfahrung,* München-Planegg 1960

Eugen Herrigel, *Zen in der Kunst des Bogenschießens,* München-Planegg 1951

Yasushi Inoue, *Das Tempeldach,* Frankfurt/Main 1981

Engelbert Kaempfer, *Geschichte und Beschreibung von Japan,* 1727, 1777; Stuttgart 1963

Masami Kameda in: *The Kadô,* Tokio September 1979 und Oktober 1981

Shusui Komoda/Horst Pointner, *Ikebana-Praxis. Lehrbuch der klassischen und modernen Formen japanischer Blumenkunst,* Melsungen-Berlin 1976
Bruno Lewin (Hrsg.), *Kleines Wörterbuch der Japanologie,* Wiesbaden 1968
Kurt Meissner, *Deutsche in Japan 1639–1960,* Tokio 1961
Henry Mittwer, *The Art of Chabana,* in: Ikebana International, Tokio September 1976
Hôun Ohara, *Everyone's Flower Arrangement,* Tokio 1957
ders., *Ohara-ryû* (Die Ohara-Bewegung), Tokio 1965 – Ikebana zensho (Ikebana-Gesamt-Bibliothek)
ders., *Creation with Flowers,* Tokio 1966
ders., *Ikebana of Japan. Moribana Style,* Tokio 1969
ders., *Ikebana of Japan. Heika Style,* Tokio 1969
ders., *Ikebana. The Creative Tradition,* Tokio 1970
ders., *Flower Arrangement. The Ikebana Way,* Tokio 1972
ders., *The Art of Hôun,* Tokio 1973
ders., *Ohara-ryû honka kyohon* (Ohara-Schule. Lehrbuch), Kôbe 1973, 1980
ders., *Ikebana for Everybody,* Tokio und Kôbe 1975
ders., *Ohara-ryû Ikebana no genryû. Unshin, Kôun meisaku shû* (Der Ursprung des Ohara-Ikebana. Gesammelte Meisterwerke von Unshin und Kôun), Tokio 1975
ders., *Ohara-ryû Ikebana* (Das Ikebana der Ohara-Bewegung), Tokio 1977, 1980 – Shin dokushû shirizu (Neue Serie für das Selbststudium)
Natsuki Ohara, *space & flower. Ohara-ryû* (Katalog der Ausstellung) Tokio 1972
ders., *Ikebana kado* (Ikebana-Karten, zwei Bände mit Bildkarten in Schuber), Tokio 1977
ders., *Iro to katachi* (Farbe und Form), Tokio 1977
Josui Oshikawa, *Manual of Japanese Flower Arrangement,* Tokio 1957, 1961
Donald Richie/Meredith Weasterly (Hrsg.), *The Masterbook of Ikebana. Background and Principles of Japanese Flower Arrangement,* Tokio 1966

Dietrich Seckel, *Einführung in die Kunst Ostasiens. 34* Interpretationen, München 1960
D. T. Suzuki, *Zen und die Kultur Japans,* Reinbek 1958
Alan W. Watts, *Zen-Buddhismus. Tradition und lebendige Gegenwart,* Reinbek 1961
Horst E. Wittig in: *Japanische Farbholzschnitte und Ikebana.* Ausstellungskatalog Stadtmuseum Oldenburg i. O. 1970
ders., *Bildungswelt Ostasien. Pädagogik und Schule in China, Japan und Korea,* Paderborn 1972
ders., *Engelbert Kaempfer (1651–1716) und die deutsche pädagogische Wirkung in Japan von Wolfgang Braun bis Emil Hausknecht* in: *Pädagogik und Schule in Ost und West,* Paderborn 1980
ders., *Ikebana in der japanischen Kunst* in: Pädagogik und Bildungspolitik Japans, München-Basel 1976
Herbert Zachert, *Lehrbuch des Japanischen,* Wiesbaden 1964

Register

Hobby, Sport und Freizeitspaß für junge Menschen im Heyne-Taschenbuch.

08/4835 - DM 6,80

Eine Auswahl:

08/4566 - DM 5,80

08/4877 - DM 7,80

08/4792 - DM 5,80

08/4753 - DM 7,80

08/4568 - DM 6,80

08/4773 - DM 7,80

Wilhelm Heyne Verlag München